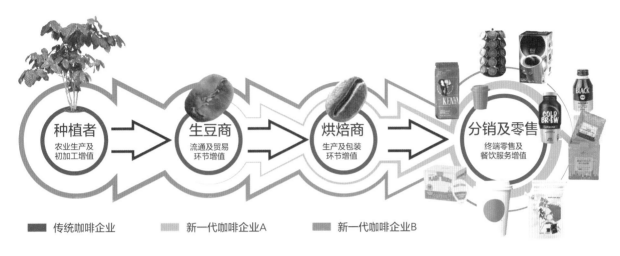

种植者
农业生产及
初加工增值

生豆商
流通及贸易
环节增值

烘焙商
生产及包装
环节增值

分销及零售
终端零售及
餐饮服务增值

■ 传统咖啡企业　　■ 新一代咖啡企业A　　■ 新一代咖啡企业B

彩图1-1　传统咖啡企业（专注于产业链中某个环节）与新一代咖啡企业（致力于全产业价值链）

兴趣
好奇、有趣、快乐

焦虑　完美职业　失落

价值
市场需求、回报、意义

厌倦

能力
擅长、天赋、成就

完美职业 = 兴趣 + 能力 + 价值

厌倦 = 兴趣 + 能力 + 价值

焦虑 = 兴趣 + 能力 + 价值

失落 = 兴趣 + 能力 + 价值

彩图1-2　三叶草模型将完美职业状态定义为兴趣、能力和价值三要素的重叠区域

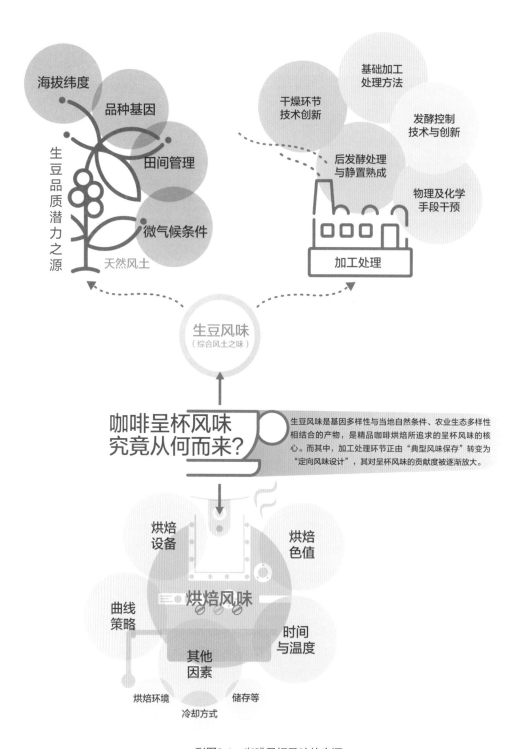

海拔纬度

品种基因

田间管理

微气候条件

生豆品质潜力之源

天然风土

干燥环节
技术创新

基础加工
处理方法

发酵控制
技术与创新

后发酵处理
与静置熟成

物理及化学
手段干预

加工处理

生豆风味
（综合风土之味）

咖啡呈杯风味
究竟从何而来？

生豆风味是基因多样性与当地自然条件、农业生态多样性
相结合的产物，是精品咖啡烘焙所追求的呈杯风味的核
心。而其中，加工处理环节正由"典型风味保存"转变为
"定向风味设计"，其对呈杯风味的贡献度被逐渐放大。

烘焙设备

烘焙色值

曲线策略

烘焙风味

时间与温度

其他因素

烘焙环境

冷却方式

储存等

彩图3-1 咖啡呈杯风味的来源

彩图4-2　数字化烘焙、自动化烘焙渐成主流

彩图5-1 从来自不同烘焙机产品的细节可知，烘焙机上多使用测温范围大、准确度较高、动态响应速度快的热电阻温度计和热电偶温度计。测温探针与金属面板因为持续传导热量也可能存在散热问题，这是我们需要关注外部环境温度的理由之一

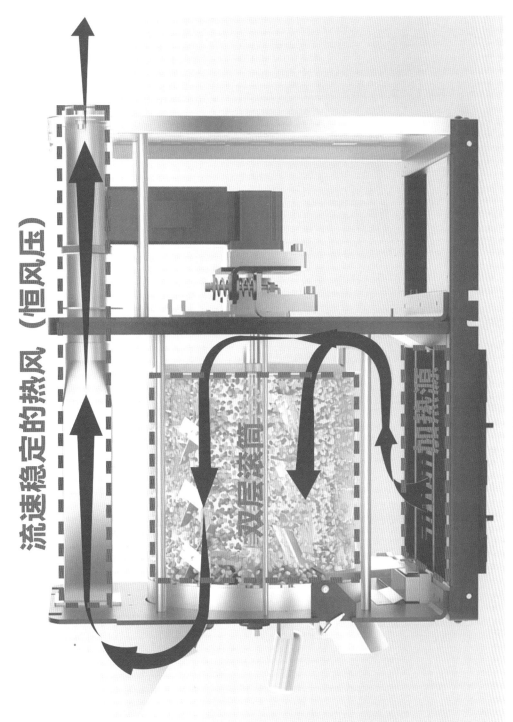

流速稳定的热风（恒风压）

双层滚筒

弧形加热板

彩图5-2　HB PEAK-P8烘焙机内部结构的1∶1渲染示意图

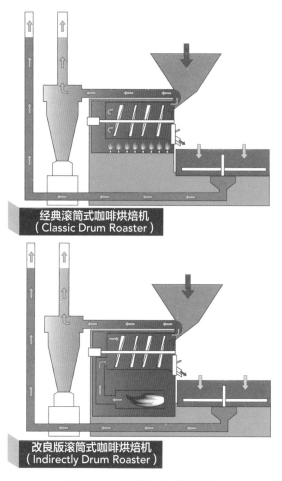

经典滚筒式咖啡烘焙机
（Classic Drum Roaster）

改良版滚筒式咖啡烘焙机
（Indirectly Drum Roaster）

彩图5-3　两类滚筒式咖啡烘焙机

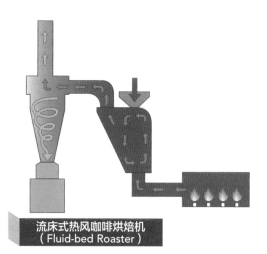

流床式热风咖啡烘焙机
（Fluid-bed Roaster）

彩图5-4　流床式烘焙机

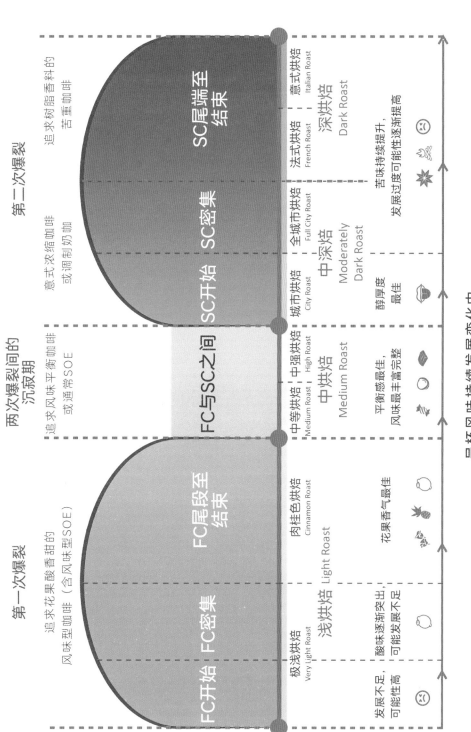

彩图8-1 较为常见的四焙度和八焙度分类法，以及风味发展变化与可能的出锅下豆时机

呈杯风味持续发展变化中

第一次爆裂

追求花果酸香甜的
风味型咖啡（含风味型SOE）

FC开始 FC密集

FC尾段至结束

极浅烘焙
Very Light Roast

浅烘焙 Light Roast

肉桂色烘焙
Cinnamon Roast

发展不足，
可能性高

酸味逐渐突出，
可能发展不足

花果香气最佳

两次爆裂间的沉寂期

追求风味平衡咖啡
或通常SOE

FC与SC之间 SC开始

中等烘焙 | 中强烘焙
Medium Roast | High Roast

中烘焙
Medium Roast

平衡感最佳，
风味最丰富完整

第二次爆裂

追求树脂香料的
苦重咖啡

意式浓缩咖啡
或调制奶咖

SC密集

SC尾端至结束

城市烘焙
City Roast

全城市烘焙
Full City Roast

法式烘焙
French Roast

意式烘焙
Italian Roast

中深焙
Moderately
Dark Roast

深烘焙
Dark Roast

醇厚度
最佳

苦味持续提升，
发展过度可能性逐渐提高

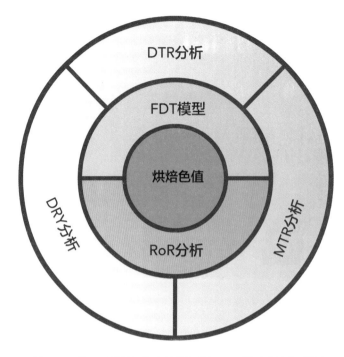

彩图10-1　熟豆系统性评估中的数据分析三环模型（从内到外）

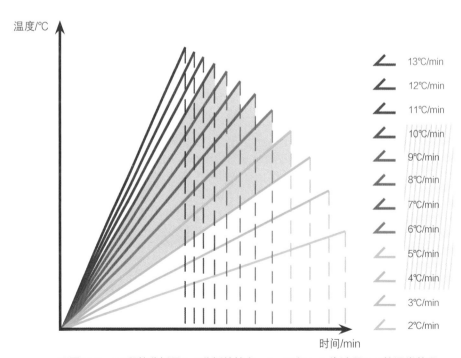

彩图10-2　DT段的分析是RoR分析的核心，4～10℃/min为该段RoR的通常状况

咖啡烘焙师

CCR 数据化
咖啡烘焙实战

齐鸣 著

中国轻工业出版社

图书在版编目（CIP）数据

咖啡烘焙师 : CCR数据化咖啡烘焙实战 / 齐鸣著.
北京 : 中国轻工业出版社, 2025. 3. -- ISBN 978-7
-5184-5348-1

Ⅰ. TS273

中国国家版本馆CIP数据核字第2025A497B2号

责任编辑：王晓琛　　责任终审：李建华　　　　封面设计：董　雪
版式设计：梧桐影　　责任校对：朱　慧　朱燕春　责任监印：张京华

出版发行：中国轻工业出版社（北京鲁谷东街 5 号，邮编：100040）
印　　刷：艺堂印刷（天津）有限公司
经　　销：各地新华书店
版　　次：2025年3月第1版第1次印刷
开　　本：787 × 1092　1/16　印张：8.5
字　　数：200千字　插页：8
书　　号：ISBN 978-7-5184-5348-1　定价：68.00元
邮购电话：010-85119873
发行电话：010-85119832　010-85119912
网　　址：http://www.chlip.com.cn
Email: club@chlip.com.cn

推荐序一

咖啡，这颗源自非洲的神奇豆子，以其独特的香气和醇厚的风味，征服了全球无数人的味蕾。而咖啡烘焙师便是这香气与风味的缔造者，他们用双手和匠心将平凡的咖啡豆转化为令人沉醉的饮品，赋予每一杯咖啡独特的灵魂。《咖啡烘焙师》[1]便是对这一神秘而迷人的职业的深入探索与精彩呈现。

这本书由资深咖啡烘焙师齐鸣倾心撰写，他凭借多年的经验和对咖啡的热爱，详细介绍了咖啡烘焙的全过程。从咖啡烘焙、数据化构建咖啡认知体系，到咖啡呈杯风味、烘焙设备的选择；从烘焙作业、生豆系统评估到烘焙过程中的物理化学变化、熟豆评估与风味调整，系统全面地呈现了咖啡烘焙师需要具备的理论素养及知识架构，每一个环节都讲解得细致入微。书中不仅有理论知识的阐述，更有实际操作的技巧和心得分享，让读者能够清晰地了解咖啡烘焙的每一个细节。

《咖啡烘焙师》不仅是一本咖啡烘焙的实用指南，更是一本关于咖啡文化和咖啡精神的书籍。它让读者在学习咖啡烘焙技巧的同时，也能深入了解咖啡的历史、文化背景和知识体系，从而更加全面地认识和欣赏咖啡这一神奇的饮品。无论是咖啡爱好者，还是有志于从事咖啡烘焙行业的专业人士，都能从这本书中获得宝贵的知识和灵感。让我们一起翻开这本书，走进咖啡烘焙的世界，感受咖啡的魅力与烘焙的乐趣吧！

晨曦初　炉火燃，从田间　到杯中；

烘焙师　工艺精，火与热　琢风味；

咖啡香　飘万里，传百年　情更长。

愿未来在一代又一代咖啡人的共同努力下，中国咖啡产业能成为一张亮丽的国际名片。

李宏

云南农业大学副校长、研究员、博士生导师，云南省咖啡现代产业学院院长

1　此处省略副书名，如无特别说明，后文提及本书时均表述为《咖啡烘焙师》。

☕ 推荐序二

　　早在2013年就听说过北京知名的咖啡专业培训机构铂澜咖啡学院，只是当时尚无缘与主理人齐校长见上一面，直至2015年因SCAE课程再次结缘，有幸能认识齐校长，彼此教学相长至今。

　　齐校长多年来写了许多关于咖啡主题的文章和书籍，除了专业教育相关内容之外，亦不乏历史文化、新知新闻、趋势观察、商业经营等全方位的咖啡内容，对精品咖啡所讲究的"从种子到咖啡"的每个环节，都有深入的见解。

　　2025年春节末，逢临此书发表前夕，接获齐校长的讯息，问我能否为其新书提序，我如果没记错，这是齐校长的第一本咖啡烘焙专门书籍。想必齐校长是信任我一路以来，也在咖啡烘焙上多年投入心力的背景。我当然欣喜于多年来亦师亦友的齐校长，又有一重量级作品推出，也感激齐校长对我的厚爱。

　　咖啡烘焙是一门易学难精的技艺，在信息爆炸的时代，再加上人工智能的广度无边，要取得任何讯息已非难事，然而对于讯息的正确判断与解读，是当下更为重要的生存技能。就算是大量的讯息指向同一结论，我们也知其依然可能是错误的答案，只因真相鲜少被提及。

　　在咖啡的领域，"声量大于真相"是我们所面临的困境。而在咖啡烘焙中找出真相的方法，仰赖追本溯源的考证及切身经验的相佐。如此，方能写下切合实际的论述。齐校长的这本《咖啡烘焙师》，是他总结多年的烘焙经验及深度钻研文献，最后再收集相关专业者提供的讯息，所集大成后的成果，我深信此书能给咖啡烘焙爱好者在现阶段提供最为正确的咖啡烘焙信息。

　　愿此书能让还在咖啡烘焙的茫茫大海中求索的爱好者们，找到正确的航道，进而发现新大陆！

蔡治宇
中国台湾咖啡发展协会理事长，达文西咖啡创办人

 前 言

咖啡烘焙师，王者将临

"火焰中的龙妈丹妮莉丝·坦格利安浴火重生，她眼里闪烁着决绝的光芒，王者将临……"本书动笔之际，恰逢人力资源和社会保障部于"食品烘焙师"职业下增设新工种"咖啡烘焙师"，于我等从业者而言，职业归属感扑面而来，回想自己近二十年咖啡实践的点滴，《冰与火之歌》中的画面不自觉浮现于脑海中，心潮澎湃。

2006年12月，毅然从北外辞职的我开启了自己的咖啡创业历程。受制于认知的历史局限性，在那个"咖啡的蛮荒时代"，我理解中的咖啡从业便是当一名咖啡师，咖啡世界里也只有这么个天经地义的职业，吧台里可以"苟"到天荒地老。而我理解中的咖啡创业便是开一家小小的咖啡馆，告别朝九晚五，制作咖啡的技术并不如何重要，咖啡馆却必须装饰得浪漫满屋，购买某某大牌的新鲜咖啡熟豆，研磨萃取出一杯一杯的咖啡来，顾客往来，情绪价值满满。

随后的五年间，咖啡馆越开越多，赚钱有之，赔钱亦有之，本人对咖啡馆的经营日渐纯熟，关于咖啡的认知提升却有限，唯一的亮色只能算开始尝试烘豆子。从铁锅炒豆到手网烘焙，更订购了一台载量500g的"烘焙土炮"，其结构设计堪称一塌糊涂。而正是因为误打误撞开启了丝毫谈不上专业的烘焙实践，关注对象由香喷喷的熟豆变成了硬邦邦的生豆，就如同打开了一个崭新地图，问题相继浮现脑海中：不同的咖啡生豆究竟应该如何烘焙对待？生豆与杯中风味的关系究竟有多大？烘焙曲线与杯中风味关联几何？咖啡树种植环境与生豆质量关联几何？怎样去做拼配？……如此种种，问题层出不穷，缩在店里的我浮想联翩、难以自抑。

心动时，走出去是必然的选择。

2010年初，我第一次来到咖啡产地——云南保山潞江坝，见到了心心念念的咖啡树，体验了鲜果采摘，结识了佐园咖啡番启佐等种植专家，还有幸在彼时的台资企业联兴咖啡第一次旁观了水洗加工处理、第一次参加杯测、第一次使用专业烘焙机进行

打样。也正是这一次意义非凡的咖啡产地之旅，让我打开了眼界，更新了对于咖啡的认知。

2011年10月，为了能持续深耕咖啡，初步接触到精品咖啡的我切换到咖啡教育培训这一新赛道，并成立铂澜咖啡学院。由于此时的我已在心灵息壤种下了一片葱郁的咖啡园，"从生豆到熟豆""从种子到杯子"的完整咖啡产业价值链认知已牢牢根植，后续花费了大量时间去寻找种植、生豆、烘焙、感官品鉴等方面的专业技术知识，早在2013年便引入了SCAA（美国精品咖啡协会）与SCAE（欧洲精品咖啡协会）的专业课程，不久后开设了CQI Q Grader课程，2015年更携手石光商贸组织举办全国性生豆烘焙赛事，如上种种从时间上看都算是中国内地较为超前甚或首创的举动。

认知改变一切。

2019年，咖啡作为一个高速成长的新兴行业进入了管理者的视野。咖啡师这一"古早职业"已无法承担振兴经济、拉动就业、鼓励创业等重任，围绕咖啡产业培育一系列新兴职业和工种正当其时。我们恰逢其时，有幸获得机会参与到一些有趣且有意义的工作中。2020~2022年，我们在调研后陆续上报了一系列咖啡新职业，并以纳入国家职业分类大典为最终目标，以全国商贸服务业岗位工种为当下起点，参照《国家职业技能标准编制技术规程》开启了中国咖啡新职业（工种）技能的标准探索和建构历程，于是便有了咖啡品鉴师（CCT，China Coffee Taster）、咖啡烘焙师（CCR，China Coffee Roaster）等。而作为一名咖啡烘焙师，难免暗藏私心，烘焙师项目倾注了我更多心血，本书更是该项目重要的成果之一。

感谢在咖啡烘焙师项目调研以及本书创作过程中给予无私帮助的全国数十家咖啡烘焙工厂和自烘店，更有数十位优秀的咖啡烘焙师、咖啡品鉴师、咖啡师和培训师为本书提供了宝贵意见，他们都是本书的内容共创者，正是因为他们，本书有幸成为中国咖啡人赋能中国咖啡产业的鲜活案例。也要由衷地感谢Probat、Giesen、HB、Roest、顽固、三豆客等烘焙机品牌以及Cropster、流数科技提供的精美图片。

位居咖啡产业中游枢纽的咖啡烘焙师非常特殊，人们对他们感到既熟悉又陌生，既亲切又神秘。他们一只手牵起产业上游，高度关注生豆品质，甚至要去产区与咖农们密切互动、与咖啡树建立起情感羁绊，另一只手却又紧紧抓住产业下游，持续洞察消费端需求变化，时刻留意顾客喜好。过去，咖啡烘焙师们蛰伏在咖啡产业最深处的厂房车间里，"藏在深闺无人识"的他们自嘲为"锅炉工"，第三波咖啡浪潮将他们的价值淋漓尽致地展现出来，更将这一职业推到了人们面前。

到了第四波咖啡浪潮汹汹的当下，咖啡消费大爆发，美味的咖啡必须形态各异、无处不在，再与科技进步相结合，创新了烘焙场景、丰富了设备形态、解放了烘焙生产力、降低了上手门槛，让一切皆有可能。于是，咖啡数字化成为底层逻辑，不同时空被勾连，"生豆—烘焙—研磨萃取"成为一个创造价值且密不可分的整体，新一代咖啡烘焙师正快步走到前台聚光灯下来。

第四波咖啡浪潮早已到来，我们可以从咖啡产业相关技术工艺、咖啡行业的商业模式创新以及咖啡消费领域文化属性这三个维度加以解构。从技术工艺维度来看，咖啡新产地兴起，旧世界与新世界豆种大爆发，处理法革新，烘焙、萃取和研磨技术工艺百花齐放，每天都有海量新知识冒出来，而咖啡烘焙就是其中一颗异常璀璨的明珠。从商业模式创新维度来看，"从产地到终端""从种子到杯子""从仓库到门店"等理论概念在咖啡供应链全流程数字化技术的加持下得以实现，美味的咖啡随手可得，柔性定制化的个性咖啡无处不在。背后最大功臣是谁？手机App接驳工厂级的环保节能烘焙设备，托在掌心的IoT烘焙设备可以借助AI设计烘焙思路，微信小程序可以创建并优化烘焙曲线，全自动咖啡机与烘焙、研磨、萃取可以智能匹配……咖啡烘焙无疑是那条贯穿全局的熠熠珠链，是我们追寻的最终答案。再从文化属性维度来看，可持续发展、多样性、创新性与社会责任日益受到关注，全球化背景下的咖啡本土化、在地化以及诸多基于共同价值观、认知、审美的亚文化圈层正在兴起，仅从如雨后春笋般涌现的各类咖啡烘焙赛事就可见一斑：咖啡烘焙正成为热度不亚于拉花、手冲的新兴咖啡模块，且快速辐射向广大咖啡爱好者群体。毫无疑问，新咖啡时代的"斜杠"中青年们爱上了咖啡烘焙，咖啡烘焙师无疑是他们最时髦的身份标签，越来越多的高颜值咖啡烘焙设备走进了千家万户，咖啡烘焙机日益成为家庭厨房的"新宠"。

今天是一个全新的咖啡时代。一方面，咖啡烘焙师也早已褪去了过往"锅炉工"布满尘垢的外衣，充分享受时代红利的他们不仅是咖啡生产者，也是寻豆师与品鉴师，还是产品的联合研发者，是呈杯风味的共同创造者。另一方面，现代工业化烘焙之外的微型烘焙、自家烘焙与家庭烘焙兴起，烘焙师的身份不再由全职从业者专美，"全民咖啡烘焙师时代"到来了。

咖啡烘焙师，王者将临！

目 录

第9章

咖啡烘焙中的物理化学变化

第10章
熟豆系统性评估与风味调整

第1章

从咖啡烘焙
与咖啡烘焙师说起

咖啡烘焙与创造咖啡价值

　　咖啡烘焙（Coffee Roasting）是通过加热促使咖啡生豆发生一系列物理化学变化成为咖啡熟豆的复杂过程。

　　咖啡烘焙是创造咖啡价值的重要步骤，是冗长咖啡产业价值链上的重要增值环节，质地坚硬的咖啡生豆变得香气四溢，初级农产品华丽转身成为货架上、包装袋中、豆仓里令人垂涎的高档食品。咖啡烘焙是连接产业上下游的桥梁与枢纽，是企业间的"兵家必争之地"。对于那些咖啡消费大国来说，主要进口的都是咖啡生豆这种初级农产品，而将烘焙工厂建在本国内，并尽可能靠近消费端，充分占有这部分溢价。而主要进口咖啡熟豆、速溶咖啡等产品的则清一色都是工业化程度落后、咖啡消费欠发达的国家和地区。过去这些年，我国咖啡产业迎来了爆发式增长，产业结构也发生着喜人变化：我国进口的咖啡商品总量中，咖啡生豆的占比正迅速提高，咖啡熟豆、速溶咖啡等占比则迅速下降（图1-1）。江苏昆山、珠三角、安徽等地正逐渐汇聚规模庞大且技术先进的咖啡烘焙产能，万吨级大型咖啡烘焙工厂纷纷涌现。

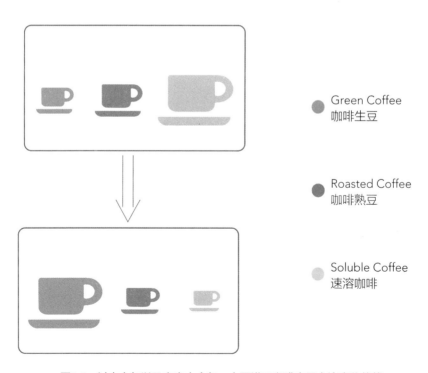

图1-1　过去十年以及未来十余年，中国进口咖啡商品占比变化趋势

对于咖啡企业来说，自主创办或收购控股咖啡烘焙工厂是掌控供应链的核心手段，降低成本、增加营收、提升效率、丰富产品、强大品牌、拓展客户等都是随之而来的诸多好处。通过梳理几大电商平台的咖啡产品排行榜，能够轻易发现那些以烘焙生产端为核心竞争力的企业才是最大赢家。大部分现代咖啡企业发展路径是整合供应链，而烘焙能力必不可少（文前彩图1-1）。

咖啡烘焙只对大企业有益？小微企业是否也需要开展烘焙？哪怕只是一家小小咖啡店，购置咖啡烘焙机升级为自烘店也是当下非常明智且可行的晋级路径，虽然增加了些许前期投入，但本质上是将"餐饮"与"零售"业态融合起来，形成"1+1＞2"的合力，构建真正意义上的餐饮零售业，长久下来创造的价值增量更是难以评估。越来越多精品咖啡店选择了自家烘焙模式，不仅将更多的营业利润留在了自己手里，也使得经营更加灵活可控，但此举需要构建"从生豆到杯子"的深刻认知及相匹配的运营管理体系（图1-2）。在日常教学中，我会明确建议那些开店的学员，将晋级自家烘焙店作为接下来1~3年努力实现的目标。

图1-2　北京NODDIN COFFEE咖啡自烘店

咖啡烘焙师是理想职业吗？

传统意义上的咖啡烘焙师是具备专业知识和技能，从事咖啡豆烘焙生产相关工作的人员。而第四波咖啡浪潮下的咖啡烘焙师则更加活跃和高调，他们的身影活跃于全球咖啡产地，他们在咖啡产业链上下游施加着越来越大的影响力，"寻豆师""品鉴师"往往与"烘焙师"一并成为他们的身份标签。如提姆·温德柏（Tim Wendelboe）这般购买咖啡庄园、亲自参与种植与加工处理的知名烘焙师未来会越来越多。

有人用三叶草模型（文前彩图1-2）来勾勒并憧憬一份完美的职业：既能让个人充分发挥自身能力，又能不断激发浓厚兴趣，同时还能有自身所期待的价值实现。在这样的职业中，人们往往会更有归属感和忠诚度，更愿意长期投入和发展，并能获得持续的职业满足感和幸福感，实现个人与职业的良好融合与共同成长。但残酷的现实是，找到完美职业并非易事，绝大多数人终生追索无果。"众里寻他千百度。蓦然回首，那人却在，灯火阑珊处。"至少在如今持续快速成长中的中国咖啡产业里，咖啡烘焙师、咖啡品鉴师等都可以说是当下顺势而生、应运崛起的新兴职业，对于那些热爱咖啡、持续努力的人来说难道不算近乎完美吗？

第四波咖啡浪潮兴起的当下，社会方方面面正在发生着深刻变革，数字化科技大爆发、在线用工市场繁荣、企业用工需求灵活、劳动者追求自由和个性化等诸多因素都促使灵活用工和自由职业者成为大势所趋，自家烘焙、家庭烘焙等主流化，烘焙成为很多咖啡爱好者的必备技能，兼职咖啡烘焙师也成为更加庞大的群体。我们对于咖啡烘焙师的定义也应与时俱进，拥抱"全民咖啡烘焙师时代"。

咖啡起源与最早的咖啡烘焙

让我们首先回望咖啡起源，探寻咖啡烘焙的起点。

公元6世纪前后（具体不可考，但至少在公元9世纪前），人类在非洲东北部埃塞俄比亚及南苏丹的卡法森林一带发现了神奇的咖啡，并开启了咀嚼咖啡果实和叶子，甚或用咖啡果实酿制饮料的"咖啡史前时期"。后来在误打误撞下，人们学会将咖啡果实或种子放置于火上烘烤，使其散发出诱人香气，进而研磨萃取出液体精华来，咖啡饮料得以诞生。

阿拉伯半岛东部阿联酋沿海某处13世纪初的考古遗址中发现的烘焙咖啡豆的确凿证据，是目前得以确认的最早咖啡烘焙活动的记录。800年前的阿拉伯世界不仅是咖啡走出非洲、拥抱全世界的第一站，也是世界咖啡文化的发源地之一。当时的阿拉伯世界已经存在咖啡贸易，咖啡在那个时期已经被普遍烘焙和冲泡调制成饮料。我们经常提及的"800年咖啡烘焙史"也是由此而来。

咖啡烘焙设备的演化

阿拉伯世界不仅诞生了真正的咖啡饮料和咖啡馆，亲民且世俗化，咖啡烘焙设备的进化也在同步进行中。最早的咖啡烘焙设备应该就是烤盘（Open Pan），咖啡豆直接放在这些器具中，然后在火上加热并不断搅拌以确保均匀受热。目前历史学者认为烤盘烘豆是公元13世纪在阿拉伯半岛和奥斯曼帝国地区普遍使用的方法，距今有700~800年的历史。15世纪巴格达出现了宛如长柄大勺的烘焙器具，同时期奥斯曼土耳其的咖啡烘焙器具也呈长柄状，但明显更加精致些，我已在国内外多家咖啡博物馆里看到这些实物（图1-3）。

图1-3　阿拉伯贝多因人的原始咖啡烘焙设备

到了16世纪，咖啡烘焙技术有所改进，出现了转动式烘焙器（Turning Roaster）。这种设备通常由金属制成，形状类似于一个圆筒，可以通过手柄不断旋转，以确保咖啡豆均匀受热。也有资料认为最早的滚筒烘豆机出现在17世纪的埃及开罗，但总之这类设备在当时奥斯曼帝国的辽阔疆域内和下一站传播到欧洲后广泛使用，距今有不少于400年的历史。

值得注意的是，食品加热烘焙类设备的发展历程中，核心部件滚筒的发明和应用，无论是手动还是自动，都意义非凡并对食品加工行业产生了重要影响。而滚筒在烹饪和食品加热设备中更加广泛的应用，普遍被认为是在稍后些的18世纪中后期工业革命之时用来批量烘烤面包或饼干的。滚筒的作用有以下几个方面：第一，滚筒有助于均匀加热。滚筒的设计使得原料（如咖啡豆）在烘焙过程中能够均匀地接触到热源，这有助于实现更一致的烘焙效果，避免局部过熟或未熟。第二，滚筒有助于提高效率。滚筒的旋转动作可以不断翻动原料，这不仅加快了烘焙速度，还提高了烘焙过程的整体效率。第三，滚筒有助于控制烘焙质量。滚筒烘焙机允许操作者通过观察和调整滚筒的速度和温度，更精确地控制烘焙过程，从而影响最终产品的品质。第四，滚筒具备良好适应性。可以适应不同种类和大小的食品烘焙需求，具有很好的适应性和灵活性。第五，滚筒有助于技术创新。滚筒的引入激发了更多烘焙技术的创新，比如温度控制、热源类型、滚筒材料等方面的改进。滚筒的发明出现可以说是一个标志性的事件，它标志着烘焙技术从原始的直接加热向更加科学和系统化的方向发展。

但历史也留下了小遗憾，神奇的咖啡烘焙环节在当时并没有得到足够重视，烘焙者地位低下。17世纪末至19世纪初奥斯曼帝国时期较为常见的一幅场景是：主人在室内品着咖啡、抽着水烟，悠闲自在。而仆人则在户外烘焙豆子，烟熏火燎，狼狈不堪，咖啡烘焙仆从或咖啡烘焙工是对他们最贴切的称呼。

商用烘焙机出现

到了18世纪末，随着工业革命的推进，一系列结构更为复杂、功能更加先进的商用级咖啡烘焙机出现。这些烘焙机通常由铸铁制成，带有手摇装置和温度控制功能，能够初步实现对于咖啡香气的精确控制，这也是现代咖啡烘焙机的雏形。此间欧美主要国家纷纷颁发并实施专利法起到了正面效应。专利法是有效的创新激励制度，保护发明人的合法权益，鼓励发明创造，推动发明创造的应用，激发了全社会的创新活力，促进科学技术进步和经济社会发展。1824年，英国的理查德·埃文斯（Richard Evans）申请了最早的咖啡烘焙机设计专利。这台机器不仅具备了取样器、风门、排烟系统和冷却装置，而且这些创新功能为后来的烘焙机奠定了基础。这些早期的烘焙机，虽然与我们今天所见的高科技设备相比显得原始，但它们在当时无疑是一项重大的技术突破，为咖啡烘焙工艺的发展铺平了道路。

从史料记载来看,卡特(Carter)和伯恩斯(Burns)是早期最著名的咖啡烘焙设备专利持有人。詹姆斯·W.卡特(James W. Carter)于1846年获得了咖啡烘焙机的专利,这款拉出式咖啡烘焙机采用了滚筒式设计,旨在提供更均匀的烘焙效果。滚筒可以不断旋转,使咖啡豆在烘焙过程中受到均等的热量,从而使得烘焙更加一致,提高了烘焙质量。1864年,杰贝兹·伯恩斯(Jabez Burns)设计的咖啡烘焙机(图1-4)则是以改进烘焙速度和效率为目标,用砖砌结构包覆封闭的圆筒,具有一个打开机制,可以在不从火焰中移走圆筒的情况下排空咖啡豆,圆筒内部的双螺旋设计可以使得烘焙咖啡豆均匀散开,这些创新使烘焙过程更加一致且安全。此外,该机器采用了独特的气流设计,能够大幅减少烘焙时间,提高了烘焙效率。

图1-4　1864年Burns发明的能够自行排空咖啡豆的烘焙机

工业咖啡烘焙时代到来

19世纪后,工业革命的快速发展取代了之前自给自足的作坊式生产。一方面,缓解疲劳、提神醒脑的咖啡取代酒水成为主流生活方式,对于咖啡的需求爆发式增长。另一方面,消费刺激了生产,巨大的经济价值不仅导致咖啡成为南北回归线之间的拉丁美洲广袤种植园的主角,各路商人和投资蜂拥而至,也促使了大型工业咖啡烘焙机问世。

我很喜欢一句话:"环境孕育需求,需求推动创新,创新又促使环境变化,从而催生新的需求。任何以时代为坐标的创新都不孤立,它们会彼此借力,彼此推波助澜。"蒸汽时代与电气时代这两场史诗级工业革命接踵而至,铁路运输大规模兴起,保护知识产权的商标法开始普及(专利法更早),这些因素导致很多大名鼎鼎的咖啡烘焙机品牌在19世纪中后期直至20世纪初扎堆诞生,这其中就包括Jabez Burns & Sons(1864年)、Probat(1868年)、Gothot(1880年)、G.W. Barth(1890年)、Vittoria

（1906年）、Kirsch & Mausser（1908年）、Petroncini（1919年）、Fuji Royal（1932年）等。

工业化生产是现代咖啡烘焙的主战场，也是创造咖啡价值的重要体现。我与数十位国内咖啡烘焙工厂老板进行过面对面深入交流，他们普遍认为作为一名合格的咖啡烘焙师应该有四层境界。烘焙生产的稳定性是第一层，稳定性本身也是干好一切职业、岗位和工种的基本前提。专业度是第二层，这是烘焙师从基础技能向高级技能发展的关键。而创新能力建立在前两层基础之上，是比较高阶的要求，也是优秀咖啡烘焙师的"标配特征"，这要求烘焙师关注客户、从消费者视角理解产品。最后，一切还是要回到现代工业生产逻辑闭环之上，在品质稳定出色的前提下实现规模化生产与柔性化定制的平衡，显然还需要具备供应链管理、成本控制、市场趋势洞察等诸多综合管理能力，因此工业化是第四层，也就是最高一个层次的境界，集合了稳定、专业与创新这三点的现代工业化生产能力是一名咖啡烘焙师追求的目标。

第四波浪潮下的咖啡烘焙

咖啡烘焙的巨大价值在2000年前后的第三波咖啡浪潮时期被广泛认可，以往烟尘满面的烘焙工逐渐被烘焙师替代，精品咖啡运动兴起让从业者受益良多。从早些年相对狭义的精品咖啡概念来看，精品咖啡是因独特气候与地理条件等培育出来的拥有不同（且美好）风味的咖啡豆。咖啡烘焙师无疑是展现精品咖啡特色风味与巨大魅力的重要功臣之一。

到了第四波咖啡浪潮的当下，不仅几乎所有咖啡企业都在学习了解、尝试开展或大力拓展烘焙生产业务，越来越多的咖啡爱好者也在涉足烘焙环节，咖啡烘焙日渐成为不亚于手冲、拉花、品鉴咖啡的兴趣板块。而精品咖啡概念也在与时俱进，"创造咖啡价值"取代"特色风味"成为核心关键词。今天，我们认为精品咖啡是一种因独特属性而被认可的咖啡或咖啡体验，（与商业咖啡相比）其在市场上具有显著的额外价值。咖啡烘焙师的价值是否因此而减退？不仅没有，反而进一步提升。第四波浪潮下的烘焙师需要回到消费者视角与市场逻辑，关注咖啡消费场景，通过烘焙来实现咖啡价值的最大化。与此同时，烘焙师的个人IP时代、咖啡烘焙厂牌时代正在到来！

作者提示

每位咖啡烘焙师都在尝试于"豆子最好""个人最喜""顾客最爱"之间找到平衡。"豆子最好"是基于咖啡生豆所具备的综合风土之味而言，尽可能挖掘并展现豆子的美好风味潜力，将豆种、种植海拔、微环境气候、田间管理与加工处理等各个环节的点滴付出呈现在杯中；"个人最喜"是基于烘焙师本人（或团队）认知及偏好而言，表达烘焙师个人IP及厂牌的咖啡理解、技术水准以及感官偏好，把这些人性化的东西附着于豆子上展现出来，从而在内卷时代脱颖而出；"顾客最爱"是基于为顾客创造价值的视角，最为符合工业化生产的商业逻辑，不仅要考虑呈杯风味，还要综合考虑顾客使用的场景，以及该场景下研磨、水质、萃取等诸多因素带来的各种可能，豆子需要足够广的兼容性，需要大胆地抛弃一些东西。

烘焙爱好者与极客群体越来越值得关注。仅以我们咖啡学院来说，咖啡烘焙是目前最热门的专业咖啡课程之一，而约占60%的烘焙生源都是咖啡爱好者与发烧友，咖啡从业者"沦落"为少数群体。然而，这并不意味着爱好者们对咖啡烘焙的学习只是浅尝辄止；相反，他们对这一领域的探索和学习热情远超我们的预期，不以实用主义为出发点的他们对理论知识的渴望和对实操技能的掌握几乎没有止境。对于他们来说，烘焙不仅仅是制作咖啡的过程，还是掌控创造咖啡的过程，更是构建一个全面而深入的咖啡知识体系的核心。他们通过学习咖啡烘焙，不仅提升了自己的技能，也在追求对咖啡文化的更深层次理解。

或许，这就是"全民咖啡烘焙师时代"的特征吧。

第 2 章

构建数据化
烘焙认知体系

咖啡烘焙是应用科学体系

咖啡烘焙究竟是科学还是艺术？这是一个好问题。

丰田汽车创始人之一间接给出了答案："没有人能够在缺乏学问的情况下达到艺术性成就。"从入门到进阶的漫长学习实践中，我们应将咖啡烘焙视作一套包含理论与实践的应用科学体系，技术性、实用性、跨学科性、创新性、系统性和成长性兼而有之，数据化烘焙实践便是选择之一。至于烘焙的艺术性，则应属于拥有足够积累后的个性化追求。

首先，逻辑性和可验证性是科学方法的核心原则。在数据化咖啡烘焙中，我们需要合理验证数据对咖啡品质的影响，而不是仅凭直觉或经验就草率给出结论。举例来说，有些烘焙师认为电热烘焙机相较于燃气烘焙机更容易产生"燥气"，煞有介事者还会列出燃气烘焙机加热时烃与氧气反应生成二氧化碳和水的方程式，这显然与电热烘焙机只是单纯加热空气截然不同。上述化学反应确实存在，但并不能改变的事实是：从呈杯风味展现来看，电热烘焙机与燃气烘焙机没有区别。如果你在红光暗房里进行三角杯测或更加严苛的双盲检测，摆脱大脑中的固有印象，很多过往的笃定只是臆想存在。

其次，数据化烘焙强调构建数学模型，抓住烘焙过程的关键性要素，从而理解烘焙的全貌。爱因斯坦说："提出一个简单但全面的问题，比回答一个详细但狭窄的问题更有意义。"理查德·费曼更是强调："你知道某事物的名称并不代表你理解了它，还要理解其背后的原理和关联。"构建关于咖啡烘焙的完整且先进的认知体系意义非凡，不仅有助于我们系统性理解，还能大幅提高学习效率，更能够凭此应对实践中层出不穷的新问题。

混沌系统、简化模型与归因分析

你是否已意识到，咖啡烘焙并非有序的协同系统，某种意义上是个混沌系统，涉及物理、化学和生物学等多个领域的复杂相互作用。

首先，加热焙炒这一基本行为虽确定，却极度敏感于初始条件。而生豆作为初级农产品，生物多样性繁杂，自然条件不可控，生长周期不确定，采收、加工和储存更是复杂多变。比如咖啡豆的生长环境导致密度变化，采收时期使得粒径大小出现差异，加工处理导致物质含量不同，储存条件促使含水量改变……无穷无尽的微小初始差异随机体现在每一颗咖啡生豆上，更带入烘焙中，所有一切会导致烘焙结果的显著变化。

其次，咖啡豆在烘焙过程中经历的化学反应非常复杂。从前体风味物质含量到最终呈杯风味，很多微观层面的化学反应就是最顶尖的科学家也没能完全揭秘。再加上烘焙过程中温度升降、压力波动、烘焙时长改变等，产生了很多自组织行为，所有这些过程相互交织，最终形成了高度非线性的动态系统，也都会对最终咖啡的呈杯风味产生深远影响。

如上两方面可见，尽管烘焙师的技术操作和日益智能化的设备可以通过精细调控烘焙参数来引导咖啡豆的烘焙变化，烘焙过程作为一个混沌系统，其内在的复杂性和对初始条件的敏感性仍使其对最终结果的精准预测极具挑战性。

幸运的是，人类的生理感官存在阈值限制，我们对咖啡风味物质的感知能力远比想象中还要弱。而在实际商业消费中，咖啡不过是一杯有明确定价的饮品，消费场景的期待终有限度，我们对其风味诉求也是有限的，这些都意味着对烘焙结果的极端精确性追求并非必要。

回到烘焙实践中，归因分析的目的只是识别和理解影响系统行为的关键因素。我们应该始终秉承化繁为简的策略，将烘焙过程视为一个简化模型，致力于识别和控制那些对咖啡风味影响最大的关键参数，尽可能减少变量，而不是试图精确控制每一个变量。通过简化，我们可以构建最简化的有效数学模型，专注于那些真正影响最终产品质量的关键因素，并且提高烘焙过程的稳定性和可重复性，使烘焙师能够更快速、更一致地达到理想的烘焙效果，最大化创造咖啡价值。这一点也是本书数据化烘焙思维的核心。

此外，我们应对反其道行之、破坏数据流、化简为繁却美其名曰"烘焙艺术"或"工匠精神"的烘焙思路保持足够警惕。比如说，明明可以通过观察某些烘焙数据变化做出判断，却要去徒增取样操作，非要目测一番或嗅闻一阵，刻意把过程复杂化，看似更加精确，实则也导致滚筒内热环境的波动、脆弱的动态系统更加不稳定。再比如说，某些人喜欢烘焙过程中频繁进行火力和风门（风压）的变化，享受那种站在烘焙机前的操控带来的快感，纵使能够烘出一锅出彩的豆子，却极大地降低了可重复性。莫要忘了咖啡烘焙师的四层境界，稳定性始终是核心与前提，专业度与创新能力建立在稳定性的基础之上。事实上，伴随着烘焙科技的发展，无论是大型工厂里的现代化烘焙设备，还是走进千家万户的微型智能化烘焙设备，烘焙过程的自动化无人控制都是大势趋，该环节也不应是人类烘焙师的主战场。

咖啡烘焙三要素模型

咖啡烘焙三要素模型（图2-1）是个极为简单却异常重要的模型。咖啡烘焙师作为掌控者居中，充分发挥聪明才智和主观能动性，并对三大要素进行全局性分析和规划：烘焙机、生豆、周遭环境。

图2-1　咖啡烘焙三要素模型（居中协调的烘焙师本人才是最重要的因素）

了解烘焙机是第一步，不同的烘焙机有不同的性能特征和操作特点，传热效应截然不同，呈杯风味的走向性也就完全不同。烘焙师越是能够摸准其脾性，越是能够游刃有余地驾驭，越是能够做到"人机合一"，越是能够烘出好的作品来。早些年学院里曾有过两台老式韩国泰焕Proaster电热烘焙机，直径过粗的温度探针、老式的加热管、偏小的送风量和异常厚实的铸铁滚筒……这些因素都导致这两台设备"反应迟钝"——从火力调节到反馈在温度变化上需要20~25秒，可谓"呆笨至极"。但将其脾性摸透之后，我只用这两台烘焙机做偏深焙和意式豆的烘焙作业，且每次火力调节都会把握足够的提前量，烘得再多，也是举重若轻，烘焙作品也都品质上佳且十分稳定。

由于经营小咖侠的缘故，我们团队多次组织各类型咖啡烘焙赛事，积累的案例着实可观。多年参与和观察下来，我发现一个有趣的现象：各类别烘焙赛事中取得的好成绩、好名次并不与烘焙机的档次严格正相关。"越好的烘焙机越能烘出好作品"根本不存在。而与此同时，常有性能普通、价格亲民的烘焙机"爆冷"斩获烘焙赛事冠、亚、季军。我刻意向获奖烘焙师们探讨交流，发现他们无一例外是对豆子和自己手头的烘焙机知根知底，将烘焙机视作亲密伴侣，充满了情感，摸透了脾性，做到了"人机合一"。相反的是，很多人动辄售价几十万的"神机"在手，如果上手经验不足，缺少深度思考复盘，更不熟悉豆子，那么对于设备价值的挖掘就很有限，"神机"不过是用来充门面的"摆设"罢了。

关于烘焙对象生豆的分析是第二步，也是烘焙三要素模型中最为重要的一步，更是本书后续章节的重点话题。对于精品咖啡来说，所有美好的风味都应来自生豆本身，"加料烘焙"虽也曾是一个"古老的"细分流派，但放到精品咖啡浪潮之下实在不上档次，更不应拿到桌面上讨论。

周遭环境又叫作外部环境，是烘焙三要素模型中的第三要素，也是最容易被忽略的。一般来说，咖啡烘焙建议在通风顺畅、体感舒适（室温20~25℃，湿度40%~60%）的室内环境下进行，而室外空旷环境下无序的空气乱流可能造成意想不到的干扰。滚筒式烘焙机需要不断抽取大量空气进入设备，因此对于外界环境的依赖度更高，室外干扰性更大。但室内烘焙并非意味着万事大吉，通风顺畅、排烟条件良好只是必须满足的基本硬件条件，温湿度和气压的大幅变动同样也会严重影响烘焙结果。我们可以用空调、新风系统、除湿机、加湿器等加以调整。如果是使用物理风门（而非电子风压）的老式滚筒烘焙机，应该第一时间配置压差表精准监控烘焙风路，避免单一使用物理风门（调节排风管路横截面积）的巨大局限性。

我平日里常驻在比较干燥的北京，常年平均湿度在30%~40%，但偶尔下雨天湿度会立即飙升到90%，这会导致针对同一台烘焙机、同一款豆子、相同的载量，如果期待烘焙结果稳定一致，必须加以微调。我认识个别日本或中国台湾地区的资深烘焙师，为了确保稳定性与可控性，他们会尽量避免在雨天开炉烘豆，也是考虑到雨天环境湿度陡增、排风压力改变等因素。当然，并不是说下雨天就无法烘焙出好作品，我们也没必要纠结下雨天是否开机，相反，烘焙师如果洞悉底层逻辑，充分发挥主观能动性，积极灵活调整，特殊外部环境下也能创造出惊艳作品来。

作者提示

水的比热容较大，这意味着水需要吸收或释放大量的热量才能使其温度发生变化。具体来说，水的比热容约为4.18J/（g·℃）（焦耳每克摄氏度），这意味着1g水每升高1℃需要吸收4.18J的热量。如果空气湿度大，滚筒式烘焙机抽取大量富含水分的空气进来，单单将这些额外的水加热至沸腾并转化为水蒸气就需要提供大量的热量，而不是直接加热咖啡豆，这势必会大幅降低烘焙的热传导效率。下雨天空气湿度太高时，往往感觉烘得慢或烘不动就是这个原因。此外，特殊天气下气压变化，也会导致排烟改变，在此略过不提。

如果说全年平均湿度在30%~40%的北京堪称咖啡烘焙师的天堂，那么铂澜位于武汉和广州的校区就大不相同。2020年武汉的年均相对湿度在80%以上，这表明江城武汉是一座很潮湿的城市，每年夏初更有湿度能达到90%~100%的梅雨季节。2022年广州的全年平均湿度为75%，每年冬末春初之际，北方冷空气强势南下，同时南方的暖湿气流北上"抗衡"。冷空气和暖湿气流交汇，导致空气中的水汽含量陡然增加，尤其是当暖湿气流遇到较冷的建筑物表面时，空气中的水汽会迅速凝结，形成露水或水滴，而广东地区的高湿度环境使得水汽更容易在冷表面凝结，这就是令人畏惧的"回南天"。每年"回南天"时节，不仅湿度达到100%，烘焙机从机身到滚筒内壁都是湿漉漉的，简直处处都能摸出水来。作为一名本地烘焙师，就应该对此加以留意并将其考虑到应对策略中。

AB双沙盒模型

双沙盒模型（Double Sandbox Model）对于我们开展咖啡烘焙实操具有很大的指导意义。其中沙盒A中有关于咖啡烘焙曲线参数的诸多细节，是制订烘焙计划环节的重要工作。传统烘焙师喜欢在纸质烘焙表上制订烘焙计划，这几年数字化烘焙成为主流，除了越来越多烘焙机厂家开发的原厂软件（图2-2）带有设计并复制烘焙曲线的功能模块外，小咖侠、Artisan、Cropster等第三方免费或付费软件（图2-3）都可以代替纸质烘焙表。

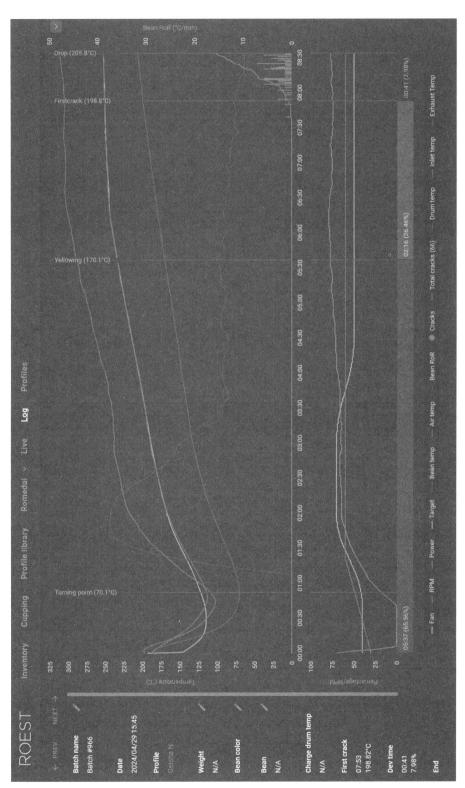

图2-2　Roest烘焙机的应用软件界面

图2-3　Cropster烘焙软件界面

图2-4为咖啡烘焙的双沙盒模型。

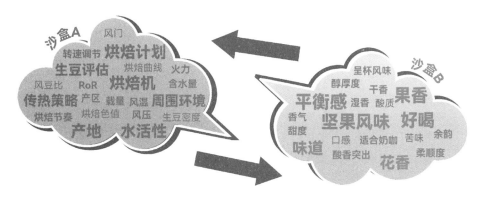

图2-4　咖啡烘焙的双沙盒模型

沙盒A在第一阶段（烘焙前）封装搞定，随后进入第二阶段（烘焙中），应严格按照参数开展烘焙实操，尽可能杜绝临时性、随意性变更。少数经验丰富的烘焙师如果对于生豆、烘焙机、周遭环境这三要素都能够清晰准确地把握，也可以简化过程，通过打腹稿、过脑子的方式来快速完成烘焙计划（图2-5）。

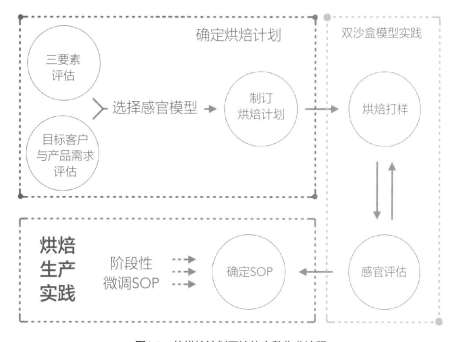

图2-5　从烘焙计划开始的完整作业流程

烘焙完成后进入到第三阶段（烘焙后）。在完成养豆期后应尽快开展感官评估，我们可以匹配最终使用场景来做任意类型的研磨萃取，但通常做法便是杯测。杯测应充分考虑目标客户及使用场景来评估咖啡价值，可以遵循不同的标准或品控规则，甚至可以是某家企业的内部标准，不管使用纸质杯测表，还是数字化的电子杯测表，都应该如实完成感官评价，并将这些关于香气、酸质、甜度、醇厚度、余韵等感官描述性或情感偏向性的数据信息进行整理，并封装为沙盒B。

沙盒A与沙盒B相互独立，不可由沙盒B的某项数据或数据变化直接"计算"出沙盒A中某个参数，反之也不行。这种相对独立性和不可计算关系通常被理解为这两个子系统在某种特定的机制或路径上没有直接依赖关系。但与此同时，沙盒A与沙盒B彼此间密不可分，两者之间有高度的交互性，可以做很多维度的归因分析。举例来说，我们在杯测时感受到醇厚度不佳，那么可以尝试调整烘焙曲线来加以改善，其中一种存在可能性的调整是：将转黄之后的美拉德反应阶段升温率适当放缓，将这一阶段时间适当拉长。这便是从沙盒B来推演沙盒A，进行第二轮烘焙打样的合理逻辑。但最终是否实现了既定目标，既定目标的实现程度是否达到预期，其他感官评价维度是否也会就此受到影响……则都需要第二轮打样后，由沙盒A到沙盒B实践完成，再通过杯测来给予确认。

在长期的烘焙实践交流和教学中，很多学员还是存在着强烈的"投喂式情节"，总是希望老师直接给出一个明确的答案。于是就会诞生一系列类似这般的"聪明问题"：请问一爆发展多少秒最好喝？请问转黄时是加火还是减火？褐变阶段的最佳RoR是多少？……诸如此类。这类问题的本质是希望直接将A、B两个沙盒打通变成一个整体。但请你试想，如果咖啡烘焙有了那么多明确的答案，如果可以直接由沙盒A来计算沙盒B，还需要人类烘焙师存在吗？你还需要上课或看书学习吗？

不了解或未实践AB双沙盒模型的人比比皆是，很多"野生烘焙师"多年来进步缓慢甚至停步不前的主因便在于此。一方面，烘焙计划的缺失、烘焙过程中的"随机性操作"是烘焙实操的大敌。另一方面，烘焙完成后不做感官评估，烘完就结束更是错误得可怕。我们的建议是："从A到B，再从B复盘A"是一轮完整的烘焙实操过程。不经历完整过程，不允许进行同款豆子的第二炉烘焙操作。

咖啡呈杯风味及品质权重占比饼图

研磨萃取好的一杯咖啡摆在面前，啜饮品鉴之时，我们通过味觉、嗅觉和触觉等感受着复杂的风味，尽最大可能性将其分解和放大。这其中，有些感在不经意间被我们略过，有的虽然微妙却令人身心愉悦，也有些令人频频皱眉，甚至难以下咽。

从"消费视角"来看，一杯咖啡的整体风味与综合品质源自"从种子到杯子"的全过程，相关因素又大致可以归纳为生豆、烘焙、水质、设备（研磨与萃取）等几个方面。基于大量实践经验形成的共识是，来自生豆环节的贡献及占比权重无疑最大，且还在被进一步放大中，烘焙环节与冲泡水质的占比次之，单纯研磨及萃取设备的占比更小一些，于是便有了咖啡呈杯风味及品质权重占比饼图（图2-6）。

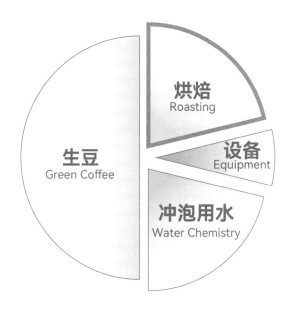

图2-6　咖啡呈杯风味及品质权重占比饼图（来自生豆的贡献及占比还在迅速放大中）

咖啡呈杯风味及品质权重占比饼图并不精准，也并不能够普遍适用，但却揭示了底层逻辑，能够极好地帮助我们分析问题，构建基础认知模型，做好宏观的归因分析。

生豆品质在占比中起到了决定性作用，至少应占到一半的权重。咖啡烘焙师便如同厨师，食材是一切烹调的起点，"巧妇难为无米炊"，如果没有高品质的生豆如何得到风味绝佳的咖啡呢？难怪那些参加高水平竞技赛事的咖啡师要去原产地艰难寻豆，难怪那些有实力的精品咖啡品牌要花大量资源去掌控或收购咖啡庄园。对于咖啡企业来说，拥有稳定且性价比卓越的生豆来源便是供应链的主要内容。

2024年夏天，来自中国的咖啡烘焙师同时拿下了世界咖啡烘焙大赛的冠军和第四名，在归国后一系列分享中，两位优秀烘焙师多次表达了如下观点：中国咖啡烘焙师的技术水平已经是世界一流，烘焙师技术的整体进步速度更是世界第一，但生豆品质总体上还有差距，这才是彼此熟豆风味品质做PK之时有时落入下风的主因。对此我深表认同，将烘焙技术提升到世界一流对于勤奋好学又舍得硬件投入的中国人来说并不难，生豆品质达到世界一流水准则需要产业上游诸多环节一起发力，更涉及不同产国的政治经济背景，以及与中国做生意的不同逻辑，绝难一蹴而就。日常生活中，我们会喝到用来自海外知名品牌的熟豆制作的咖啡，能够清晰感受到出彩的呈杯风味主要得益于卓越的生豆品质，而某些庄园级微批次生豆渠道是我们一时难以企及的。

作者提示

虽然一贯不鼓励盲目消费天价豆，但足够好的豆子才能够让你成为更好的烘焙师。我们同样不鼓励使用品质低劣的商业豆，哪怕只是用来练习烘焙技艺。排除健康性与好风味不提，只有较好的生豆才能给你正面的反馈、及时的肯定和合理的逻辑，而低品质的咖啡豆容易让人困惑和自我怀疑。

厨师有了好的食材，才能展示高超厨艺，接下来才是占比权重排在第二位的烘焙。咖啡烘焙也是一个创造风味的过程，我们将在第3章展开论述。"生豆+烘焙"便是香喷喷的咖啡熟豆，这已然组成了咖啡品质占比的主体，后续的冲泡环节涉及水质、研磨和萃取，虽然也不可忽视，但严格来说都不是风味的创造过程，只是将已经存在的风味物质部分抽取到杯中而已。我常对学员说：顾客在某咖啡店喝到了一杯难以下咽的咖啡，挨批评的往往是吧台咖啡师，但超过七八成概率倒霉的咖啡师只是在为咖农、生豆商或烘焙师的"拉胯行为"背锅罢了，咖啡师就是咱们咖啡行业里最大的"背锅侠"。

咖啡烘焙方法论

咖啡烘焙是一门融合了科学理论与实践经验的应用科学，可分为技术、体系和问题三个关键层面，三者层层递进，构成了完整的咖啡烘焙方法论。

技术层面是初学者的基石。掌握烘焙技术需要严谨的态度和精细的操作技能。传统的师徒制传承方式在当今已被专业咖啡培训机构系统化的课程所取代，这种学习途径不仅高效，且性价比高。此外，互联网上丰富的学习资源和行业专家的经验分享，为自学能力强的学习者提供了另一条可行路径。然而，随着学习的深入，技术细节的重要性会逐渐降低，学习者应从单纯的技术模仿转向更深层次的研究与实践，不要陷落于或同质化、或良莠不齐的网络信息汪洋中。

体系层面是进阶学习的核心。咖啡烘焙的体系涵盖了从生豆到烘焙再到感官的全过程，涉及农学、机械、物理、数学、化学、感官科学等多学科知识。学习者需要理解不同烘焙方法背后的科学原理，例如美拉德反应、焦糖化反应以及热传导机制等，并能够将这些原理应用于实际烘焙中。选择一个研究体系并坚持深耕足够长时间至关重要，频繁切换体系会阻碍学习的系统性和深度。

问题层面是驱动研究和实践的原动力。问题的发现和解决是咖啡烘焙科学方法论的核心。学习者应具备怀疑精神，避免盲目迷信权威。问题的发现应遵循"由外向内"的原则，先通过广泛的观察和实践识别问题，引入"假设—验证"模型，即在此基础上提出假设并通过实验验证，例如调整烘焙曲线或改变不同处理法的生豆，最终解决问题并优化烘焙结果。

总之，咖啡烘焙的学习是一个从技术到体系再到问题的递进过程。只有将科学方法论与实践经验相结合，才能在这一领域不断精进，最终达到理论与实践的完美统一。

最后，咖啡烘焙的目的是为了消费。有句话传播甚广，从世界的角度看中国，而不是从中国的角度看世界。我将其借用改造后与读者朋友共勉："从咖啡消费的角度看烘焙，而不是从烘焙的角度看咖啡消费。"

第 3 章

咖啡呈杯风味来源
及感官模型

呈杯风味从何而来

风味是咖啡饮品啜吸入口时，鼻后嗅觉感受到的香气与舌面感受到的味道和触感相结合，大脑中枢神经将彼此融合后输出的综合感受，也是感官评价咖啡的一个确切且十分重要的项目。更通常情况下，我们用"风味"一词笼统概述能从杯中咖啡感受到的全部香气、味道和触感，是用好、坏、多、少等加以描述的那个对象，是关于一杯咖啡情感偏好的本质原因。感兴趣的读者欢迎阅读我的《咖啡品鉴师》一书，了解关于风味的更多细节。

从创造性的过程来看，一杯咖啡的呈杯风味来自两大方面：生豆风味与烘焙风味（文前彩图3-1）。生豆风味主要来源于风土，加工处理环节也有重要贡献，综合来讲是基因多样性与当地自然条件、农业生态多样性相结合的产物，是现如今精品咖啡烘焙所追求的呈杯风味的核心。烘焙风味则是承认并肯定烘焙环节创造的风味，那一系列复杂热化学反应创造的风味物质是很多人欲罢不能的来源。

千年历史的咖啡饮品传承至今，全世界有着数以十亿计的消费者，每天消费掉的咖啡超过35亿杯，精品咖啡浪潮显然并不能覆盖全部的咖啡消费群体，不同咖啡消费群体、不同消费场景下的偏好选择也没有高低优劣之分。随着咖啡烘焙程度的加深，来自生豆本身的风土之味减弱的同时，烘焙之味却开始凸显。很多人喜欢中焙带来的坚果、奶油、可可、巧克力风味，也有很多人喜欢烘焙更深一些带来的树脂、辛香料风味。

生豆风味又可分为天然风土之味及加工处理加成两部分。品种基因是天然风土之味的起点，更涉及植株生长的自然条件及田间管理。第四波咖啡浪潮下，传统处理法早已不能涵盖全部，"典型风味保存"正向"定向风味设计"转变，其对最终风味的贡献可达30%~40%，但同时，关于"处理法透明度"的认证体系和法律法规正在全球范围内构建。

风土之味：豆种相关

本书将重点放在今天全球精品咖啡聚焦的阿拉比卡种咖啡上。阿拉比卡这一咖啡原生种更喜欢热带地区海拔1000m以上的凉爽山地，拥有较低的咖啡因含量、迷人出众的酸香风味。而且伴随着种植、采收、加工和烘焙等环节的差异，阿拉比卡在风味上呈现出巨大的可能性与可塑性。但先天因素导致其生命力较弱、抵御病虫害能力不强、种植管理成本也相应较高。为此，人们在阿拉比卡种咖啡上投入了巨大心血，使其以占全球超过60%的咖啡种植总面积获得了大约55%的总产量。

阿拉比卡以外咖啡原生种开始受到关注。父系罗布斯塔（Coffea Canephora）较之阿拉比卡拥有单株产量高、抗病虫害能力强、种植管理成本低、口感厚实、油脂丰厚等优点，无奈酸香风味略逊一筹，苦味较重，咖啡因和绿原酸含量也更多些。当下优质罗布斯塔种咖啡运动正席卷全球，越来越多呈杯风味出色的罗豆正冲击着人们的味蕾，值得期待。阿拉比卡母系尤金（Coffea Eugenioides）风味柔和，低酸高甜，带有花香和蜂蜜般的细腻口感，咖啡因含量低，开始成为精品咖啡圈的"新团宠"。复杂花果香、醇厚口感、低酸、余韵持久使得利比里卡（Coffea Liberica）也正成为小众欢迎的精品咖啡原生种。

好的豆种还必须结合种植环境以及田间管理，这方面涉及的内容很多，我们只能做些蜻蜓点水式的介绍。高海拔环境下的低温、强紫外线以及含氧量略有下降等导致病虫害大幅减少，咖啡树所处的生态系统相对简单，自身防御机制和分泌物也相应产生改变，咖啡因、绿原酸等带来负面风味的分泌物相应下降。昼夜温差大以及生长周期长也会使得生豆密度提高、酸香甜等风味物质积累增加。大量对比杯测发现，适度荫蔽栽培的咖啡会比全光照栽培的咖啡酸香风味更加突出、苦味有所下降、醇厚度有所增强，余韵也更好一些，整体咖啡风味品质有非常明显的提升。田间管理同样重要，不良的田间管理使得咖啡植株会出现缺素、衰退、果实变小、品质变差等现象，产量和品质都将受到严重影响。

阿拉比卡之下的品种故事

品种大爆发（图3-1）是当下第四波咖啡浪潮的特征之一，这也是咖啡世界乐趣无限、魅力无穷的主要原因之一。精确到某家庄园、某片区域、某个地块、某座山头，甚至某一棵树，用科学精神去做验证与溯源，基因比对确定品种，再杯测描绘呈杯风味。过去这么做显然是得不偿失之举，但时至今日则符合一定的商业逻辑。M型社会消费特征告诉我们，虽然绝大多数顾客会购买低价或平价的快咖啡饮品，消费咖啡的本质是为

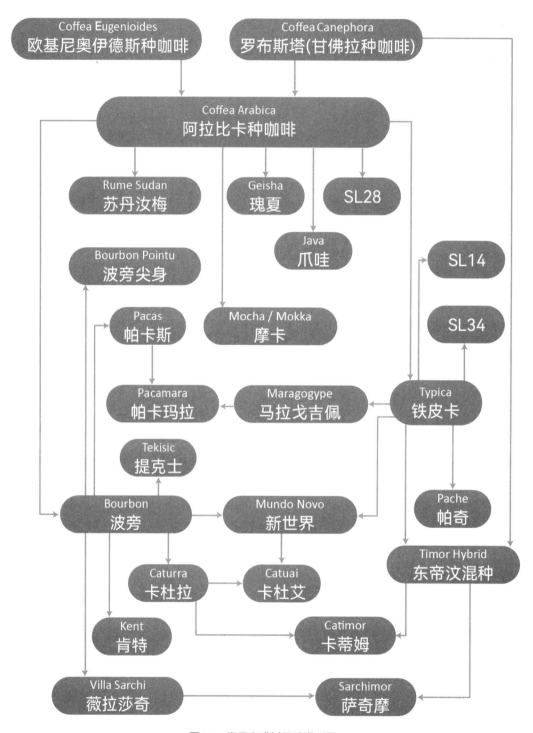

图3-1　常见咖啡树品种谱系图

了获取咖啡因。同时，也会有一个看似规模不大但购买力惊人的群体，他们是"M"的另一端，他们对于稀缺性高、品质卓越、情绪价值满溢的优质咖啡充满好感，不惜通过拍卖竞价等方式来索取，所谓精品咖啡的生意与此密切相关。

作者提示

当下中国云南产区便是这么一块咖啡热土，无农药有机种植日渐深入人心。与此同时，优质商业品种卡蒂姆正在被血统更加高贵、商业价值更大的品种取代，云咖系列、瑰夏、SL28/SL34、铁皮卡、萨奇摩等品种将在多年后成为云南的新主力品种。有的咖农担心直接购买咖啡苗，外观特征不显著容易出现纰漏，于是会保留老桩作砧木直接去嫁接，让血统明明白白。有的咖农种植瑰夏，哪怕节间距、顶芽等植株特征符合也不放心，还要花钱去做基因测序，确定具体的瑰夏家族谱系。还有的咖农已经在考虑蜜蜂传播授粉的有效范围，尽可能确保该范围内的咖啡树品种具备单一性。

风土之味：处理法相关

成熟适宜采摘的咖啡果实叫作咖啡樱桃（Coffee Cherry），高品质的咖啡都要求人工选择性采收，随熟随采，分批采收，从里向外采摘，单果采摘，不得将枝条、叶片、花芽和果穗一并摘下，集中收集的咖啡鲜果也要安置在遮阴处并及时处置。机械采摘则比人工采摘粗糙得多，鲜果品质也良莠不齐，后续再分选就麻烦很多，对于呈杯风味的影响是很大的。在今天，全红果采收逐渐被全熟果采收所替代，成熟度足够高的果实代表着含糖量高、风味物质积累足够，对于后续的加工处理环节至关重要。

咖啡鲜果的处理法主要分为干法（Dry Processing）和湿法（Wet Processing）两大类。干法处理多是采用传统日晒法（Sun-Dry），又称作自然干燥法（Natural/Natural Dry），这是最为古老且自然环保的咖啡处理方法，不消耗额外水资源，更不会造成环境污染。传统日晒处理非常粗放，直接堆放在泥土地上晾晒是常态，更不会投入太多人力去做分拣。因此，传统日晒一直被视为成本低廉、品质低劣、不需要任何技术的低端咖啡处理方法，容易给咖啡带来泥土、腐败、过度发酵、混浊等负面风味，也就不用在意了。

转变发生在讲求科学的精品咖啡时代。我们发现，一旦投入精力、技术与热情到日晒工艺的全过程中，严格掌控"采摘—晾晒"的诸多细节，也能制作出极高品质的咖啡，因此微批次高质量日晒变成了现实：较为缓慢均匀的方式徐徐干燥脱水，能够更好地呈现水果类迷人风味，并将其有效锁定，额外追加的大量人工做多重手选，让成本与品质都快速提升。由于日晒加工处理的干燥过程中发生了极为复杂的发酵，导致更易在醇厚度、甜度、香气和风味复杂度等方面胜出，浓郁的果香再加上些许迷人的酒酿风味，这也是如今微批次精品日晒大受欢迎的原因。

湿法处理又叫水洗法（Washed Processing/Fully Washed），其出现的时间比日晒要晚，是将果皮去除后在发酵池中浸泡、发酵并反复冲洗，彻底将果胶清除干净，再晾晒干燥。水洗处理的出现就是为了针对当时大宗咖啡商品粗犷的日晒处理，可以获得香气和风味更精致、酸质更明媚靓丽、口感更加柔顺、质感更加轻盈、干净度更高的咖啡。虽然这样做比起传统日晒势必增加成本，但因为能够卖出更好的价钱，所以也能提高利润。

作者提示　少量糖分等可溶性风味物质在水洗过程中的流失，会使得水洗咖啡醇厚度有所下降，柠檬酸、苹果酸、醋酸等会使得水洗咖啡拥有更加明亮的酸质，短暂的发酵更带来柑橘与坚果类香气。而日晒咖啡则在果香、甜度、醇厚度、风味丰富性等方面胜出。日晒咖啡甜度更加突出，但仍有一些顾客在品鉴环节会觉得水洗似乎更甜，那是通过降低了苦味、酸甜共振互促在感官层面实现的。

在相当长的时间里，水洗一直是高品质咖啡的代名词，如果希望大批量、成本可控、品质稳定地生产高品质咖啡，水洗法几乎是唯一的选择。但近年来精品咖啡运动的兴起改变了这一切，微批次与微微批次越来越多，大幅上涨的价格能够覆盖追加的成本，精品咖啡圈里一味地追求爆炸式的风味呈现，希望将每一杯咖啡都做成口腔里厚实饱满的"水果炸弹"，这使得日晒、蜜处理和其他特殊处理法大受追捧，水洗法不再是优质咖啡的唯一选择，而丰沛且典型的水果味也成了日晒处理与水洗在核心风味特征上的最大差异所在（表3-1）。

表3-1　小咖侠微信小程序根据上百万个杯测数据统计的水洗处理、
非水洗处理以及瑰夏咖啡排名前20的风味关键词（截至2024年9月）

排序	水洗处理	非水洗处理	瑰夏
1	柑橘	热带水果	荔枝
2	红茶	红葡萄酒	佛手柑
3	绿茶	果脯蜜饯	莓果
4	红糖	黑巧克力	黑加仑
5	烤榛子	红糖	雪莉酒
6	蔗糖	杏肉	李子
7	橙子	红茶	杨梅
8	谷物	菠萝蜜	茶香月季
9	柠檬	葡萄干	木瓜
10	桃子	枫糖	青梅
11	烤杏仁	菠萝	香槟
12	李子	蜂蜜	蔓越莓
13	杏肉	覆盆子	柑橘
14	烤花生	朗姆酒	茉莉花
15	核桃	黑加仑	杨桃
16	西柚	黑莓	西柚
17	蜂蜜	甜酒	麝香葡萄
18	香草	蔗糖	百香果
19	草本	蔓越莓	杏肉
20	可可	威士忌	枫糖

　　蜜处理的原名叫作半干处理法（Pulped Natural/Semi Dry），也可以叫作"去果皮日晒处理法"。20世纪90年代，巴西决定因地制宜探索一种全新加工处理方法，消耗更少的水资源，却能大幅提高咖啡品质，半干处理法就此诞生。半干处理法的前两步与水洗处理法完全一样，将经历了初次分拣的果实倒入去果皮机（Depulper）中，快速

将外果皮和大部分果肉（Pulp）等剥除分离。接下来的步骤就与水洗处理法有了些出入，而进入日晒处理法的环节——将表面尚残余大量果肉和果胶黏着物的咖啡种子（带壳豆）移到户外晾晒场，进行晾晒干燥。其间也需要专人进行翻动操作，确保透气良好、干燥均匀一致。

半干处理法的推广运用，大幅提升了巴西咖啡豆的品质与国际地位，后来这种工艺传到中美洲哥斯达黎加等国，中美洲诸国使用的西班牙语"Miel"恰好是"蜜"的意思，倒也很贴切，便被称作蜜处理（Honey Processing）。果胶残留越多，带壳豆包裹越厚实，掌控起来越不容易，晾晒时间越长久，但果胶中糖分和其他风味物质越便于渗透到咖啡豆中，最终使咖啡豆近似于日晒处理的风味呈现。反之，果胶残留越少，可以渗透到咖啡豆中的果胶中糖分和其他风味物质也相应少了些。可见，蜜处理咖啡呈现出的风味介于水洗处理与日晒处理之间。在杯测实践中也确实如此，传统水洗与日晒的咖啡风味非常典型，而蜜处理的风味则介于两者之间，有时会难以判定。此外，蜜处理还可以作不严谨细分，表面附着有不同果胶残余量的带壳豆在晾晒之时会呈现出截然不同的视觉效果——残留果胶量与发酵环节密切相关，更多的果胶残留通常与发酵程度呈正相关，而发酵程度加深往往看上去色泽更深，风味上接近日晒，反之色泽更浅则风味接近水洗。于是一般便将蜜处理细分为：黑蜜、红蜜、黄蜜和白蜜等。

传统咖啡加工处理工艺中还有一种湿刨法或湿剥法，当地称作"Giling Basah"，以印度尼西亚苏门答腊岛最为常见。苏门答腊岛北部咖啡产地每年咖啡采收季节与雨季恰巧重合，这导致咖农们没有条件在户外将咖啡果（豆）从容晾晒干燥。当时当地也不可能有今天诸如烘干机等室内大型干燥设备，纵使有也不可能买得起，更不可能用得起。为此，当地咖农们看天吃饭，因地制宜，只能趁着采收季节的短暂晴天，分阶段地处理咖啡，并间歇式快速晾晒干燥，印度尼西亚湿剥法就此诞生。具体操作方法如下：首先将采收的咖啡鲜果进行去果皮处理，去完果皮后，将还有大量果胶残留的带壳豆进行短暂干燥晾晒。只需数个晴天即可，为的是将其含水量降至30%~35%，由于水活性下降，大幅减少腐败变质风险，便于后续操作。然后将残留果胶的半干带壳豆进行机械式剥除内果皮——让含水量仍然很高、处于柔软状态下的咖啡生豆直接裸露出来。由于机械式外力强行施加给柔软的咖啡生豆，导致部分生豆出现中间线裂开等现象。最后一步，咖啡生豆赤裸裸暴露在外，实现了最快速的晾晒干燥，这一过程只需数个晴天即可。分阶段干燥的印度尼西亚湿剥法是一种很有创造性的因地制宜咖啡处理方法。除了豆表外观便于识别外，其风味上也有特点：低酸，醇厚，余韵悠长，容易带上些草本、木质、烟草、黑巧克力、香料等风味，处理得当还能带有黄色花香。咖啡烘焙师对印度尼西亚曼特宁的咖啡豆往往也会做偏深的烘焙，以最大化呈现其风味特色。但凡事过犹不及，如果湿剥法处理过程中太过粗犷不羁，木质、泥土、皮革、发霉等风味就会强势涌现，给感官带来负面体验。也有很多咖啡人认为，湿剥法带来的特色风味本身就是加工处理环节产生的特色瑕疵风味。

传统加工处理方法之外的创新工艺层出不穷，令我们的咖啡世界缤纷多彩。"定向风味设计"时代正在到来，其核心关键词便是：发酵。广义发酵指的是微生物进行的一切代谢活动，有氧与无氧（少氧）均被纳入其中，前者又被称为好氧，后者又被称为厌氧。而狭义发酵多指微生物在厌氧条件下，有机物进行彻底分解代谢释放能量的过程。微生物菌群通过代谢活动（发酵）分泌多种酶（如果胶酶、纤维素酶、蛋白酶等），这些酶能够分解咖啡鲜果中的果肉、果胶和其他有机物质，最终变成复杂的杯中风味。

土壤、水和空气中就有着能产生各种酶的微生物菌种，传统加工处理主要是利用这些自然界中的"野生"微生物菌群来生产酶，将咖啡果肉和果胶作为营养物质，让咖啡呈杯风味在甜度、酸质、体脂感、香气、余韵等各个维度都有改变。这一过程中的发酵复杂且隐晦，如水洗处理发酵池中浸泡等诸多环节。而在现代食品工业上，大多数是在含有营养物的液体培养基中，于适当条件下（如温度、含糖量、pH、氧气浓度、时间等）进行特定菌种（如商业酵母或乳酸菌）培养，产生所需要的酶，从而塑造我们想要的风味细节，即"定向发酵"。另一种类似的工艺则是不完全依赖自然发酵过程中微生物分泌的酶，人为添加特定的酶来加速或优化咖啡果肉与果胶的分解，从而部分影响咖啡呈杯风味，我们称之为"酶素处理"。两者结合应用下，"酶素处理"也可以看作是"定向发酵"的一部分，让外源性酶的添加辅助微生物的代谢活动。比如某些酶制剂可辅助微生物来分解大分子有机物，释放更多前体风味物质供微生物代谢，从而增强风味复杂度。

"定向发酵"是把"双刃剑"。保守者认为有违精品咖啡的诸多核心理念与价值观，开放者则认为此举是时代科技发展带给咖啡产业的巨大红利。一系列"处理法透明度"的认证体系和法律法规正在全球范围内构建。2024年巴拿马最佳咖啡（BOP，Best Of Panama）主办方巴拿马精品咖啡协会（SCAP）明确严禁增味咖啡参赛。在其国内评审阶段，评审以0~5分为量表，0分为完全没有增味，5分为确凿无疑增味咖啡，如果所有国内评审的平均分达到2.5分，则该款咖啡淘汰出局，该款咖啡的生产者被永久禁止参赛。很多精品咖啡庄园选择了一条"中间路线"，他们通过采集培育属于本庄园地域的发酵菌种来确保"定向发酵"的合理性。

对于咖啡烘焙师来说，理应积极拥抱豆种与处理法的大爆发，保持合理开放的心态，多烘焙实操，多杯测评估，多交流学习，尽可能增加见识肯定是好事一桩。但与此同时，我们还应该多从质量、密度、色泽、气味、粒径、含水量、水活性、生豆等基本物理参数入手，毕竟这些参数与我们的烘焙曲线关系更加密切直接。

烘焙风味概述

一杯咖啡的最终风味在很大程度上取决于烘焙发展程度，这是因为烘焙风味对于呈杯风味的加持与重塑，本书后续章节会就此展开详细论述。

浅焙咖啡中通常保留了更多的生豆原始风味即综合风土之味，能够更好地展现基因多样性与产地自然条件、农业生态多样性等特征，感官描述上大致为：花香与果香（如柑橘、浆果等）、明亮的酸质、活泼清爽的口感、苦味较低。中焙咖啡较浅焙在生豆风味减弱的同时，加成了更多烘焙风味，风味显得更加平衡，酸度适当减弱的同时，甜味、苦味、醇厚度都有所提升，彼此相得益彰、相辅相成，常见的风味包括坚果、奶油、巧克力、焦糖等。待到深度烘焙，生豆风味进一步减弱，而烘焙风味占据了压倒性优势，低酸苦重之余，无糖黑巧、烟熏、树脂、辛香料等风味凸显。

咖啡感官蜘蛛图模型

虽然我是一名精品咖啡从业者，偏爱花果酸香甜的好咖啡。但经历过多年经营实践，深知"从消费视角看待咖啡"的重要性，感官偏好并无优劣贵贱之分。作为一名咖啡烘焙师，我们可以构建一个蜘蛛图（雷达图）来设计咖啡感官模型（图3-2），并以此指导我们的烘焙实践。该模型的应用在本书第6章介绍。

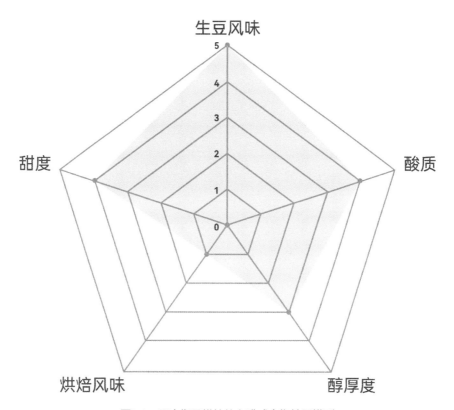

图3-2　用来指导烘焙的咖啡感官蜘蛛图模型

第4章

烘焙起步
及如何选购烘焙机

咖啡烘焙可以先玩起来

无论是从内在动机、投入持久性、创造力展现，还是从快乐学习、自我实现等方面看，兴趣爱好都是最好的老师。入门咖啡烘焙不妨利用手头现有的设备玩起来，边学习边实践，随着兴趣爱好的积累，再不断增加投入，让"兴趣—投入—水平"三者互促提升。我身边也有"反其道而行之"的朋友，既没进行过前期学习了解，也还没来得及产生强烈兴趣，脑子一热，就动辄花费数万元购置专业烘焙机，好一通折腾，一年后又找到我，希望转卖二手烘焙机，哎，何苦呢？

业余烘焙中门槛最低的无疑是铁锅炒豆，今天在包括埃塞俄比亚在内的很多东非咖啡产地依然十分常见。中式的圆底铁锅不同于国外常见的平底造型，可以更好地适应炉火的形状，使得热量能够均匀分布在锅的底部，具有较大的热容量，还让翻炒更加灵活便利。利用自家炒菜的铁锅来炒豆子，虽然没有那么"高大上"的体验，但确实可以搞定咖啡烘焙这件事，还能观察到豆子烘焙过程的色泽、香气等基本变化，对于后续升级到专业烘焙也是一段难忘有趣的经历。

业余烘焙中更常见且相对专业的便是手网烘焙，这也是我们推荐的最低成本的入门烘焙选择。手网烘焙是一种非常古老的咖啡烘焙形式，早在奥斯曼土耳其时代便广为流行，而且还远比今天工艺精美。我们只需要准备一个金属手网、一台瓦斯炉（煤气炉）、一双隔热手套和一个计时器（手机计时亦可），投资区区数百元，便可以展开烘焙操作了。烘焙实践中不难发现：看似简陋的手网烘焙虽然消耗体力，但却具有火力（热力）可调节、观察便利、排烟通畅等优点。如果你技术一流且一丝不苟的话，手网烘焙绝对值得信赖。

如何开展手网烘焙

第一，选择一个合适的火源，火源的大小和稳定性对烘焙过程非常重要。除了瓦斯炉，采用电炉丝的电热源也完全可考虑。

第二，均匀加热意义重大。我们应确保火力均匀稳定，使手网中的咖啡豆均匀受热。除了人为离火距离控制外，有经验的手网烘焙师会在瓦斯炉的火排上安装挡风聚热的装置，让手网受热均匀一致。

第三，选择平底手网而非球形或异形手网。不同于铁锅炒豆时会用勺去持续翻炒，平底手网可以使豆子更均匀地铺开，受热更均匀。

第四，严格控制单次烘焙量。综合考虑到手网大小容量、咖啡豆均匀受热、烘焙师技术水平、避免浪费等诸多因素，单次烘焙量往往不宜超过100g生豆，且每一次最好将烘焙量固定。

第五，辅助工具应提前准备好。这里包括但不限于散热风扇（或冷却盘）、红外线测温枪、计时器等。红外线测温枪和计时器可以帮助控制烘焙过程，散热风扇（或冷却盘）可以帮助快速风冷，保证最终烘焙品质。

第六，耐心地观察、实践、思考和复盘。手网烘焙操作时很多细节都值得揣摩。比如手腕翻动的幅度和频率等，要观察以何种幅度和频率进行手腕翻动时，手网中的咖啡豆恰好处于最佳的翻滚状态，这一点也关乎受热的均匀一致性。每一锅过程中的关键因素都应该如实记录下来，再辅以感官评估，这样最多经历20~30锅的实践就能够步入手网高手行列。

必然的选择：专业咖啡烘焙

如何追求烘焙过程的精确可控性和烘焙结果的稳定如一是我们基本的操作思路。如果顺着这个思路将业余烘焙设备进行全方位"改造升级"，最终获得的就是一台专业的咖啡烘焙设备了。谁对专业烘焙设备最有需求呢？毫无疑问就是商业烘焙领域。

进入18世纪中后叶，随着工业革命出现，机器逐渐取代人力，大规模工厂化生产取代个体工场手工生产。再加上19世纪初铁路和商标法几乎同时出现，这些都刺激了工业化咖啡烘焙生产的发展，越来越多设计新颖、性能精湛的专业级大中型咖啡烘焙设备陆续登场，并在20世纪达到一个高峰。Jabez Burns & Sons、Probat、Gothot、Petroncini、Fuji Royal、Kirsch & Mausser等咖啡烘焙企业都是那个时代舞台聚光灯下的明星。

2000年前后，随着精品咖啡运动深入发展，微批次咖啡烘焙的需求促使厂家开始加大投入，越来越多的高性能小型专业咖啡烘焙设备涌现，价格也越来越低，商用烘焙的门槛不断降低，这无疑是广大咖啡烘焙从业者和创业者的福音。2012~2014年，我前后购置了三台韩国泰焕Proaster 1.5kg烘焙机，平均每台售价在人民币6.5万元，而放到十年后将其拿去与同级别烘焙设备横向对比，每台定价大约为人民币2万元。事实上，人民币2万元就是一台目前最为主流的半热风滚筒式咖啡烘焙机的市场定价，最大载量500~1000g，相应配置一应俱全。而随着"全民咖啡烘焙师时代"到来，规模化生产将有望进一步压缩成本，万元以内商用烘焙机时代即将到来。

最近这几年，Ikawa、Roest、Link、Santoker等设备领衔掀起了一股咖啡烘焙大众化的新风潮，越来越多专业且高颜值的小型咖啡设备如雨后春笋般出现（图4-1、图4-2）。它们一般具备如下特点：第一，工业设计水平高，颜值上就叫人难以忘怀，走进办公室和家庭水到渠成；第二，属于物联网IoT范畴的智能烘焙设备，与手机应用接驳，构建生态系统；第三，全热风烘焙为主，稳定且精确，支持下载、分享和复制烘焙曲线，实现傻瓜式烘焙；第四，支持行李箱收纳，甚至便捷到可以登上飞机，移动式烘焙使得这类设备成为寻豆师、烘焙师们出差时的最爱，地球上哪怕再遥远的咖啡产地也因为烘焙连成一个整体。

图4-1　Santoker三豆客系列咖啡烘焙设备

图4-2　Roest桌上型烘焙机

如何选购一台咖啡烘焙机

选购一台专业咖啡烘焙机是进阶的必然选择，也是本书读者的"必由之路"。

评估自己的预算永远是选购烘焙机的第一步。我很能理解选购烘焙机与选购汽车内在的相似之处，尤其是男生都喜欢拥有这类大玩具的快感。因此我不得不友善提醒：冲动是魔鬼，永远不要做超出预算太多的决策。我真金白银购买的多台咖啡烘焙机，单价从数千元至40万元不等，再加上亲自上手体验过十数款不同烘焙机，实际使用下来的体验让我对"一分钱一分货"这句话更加信服。

在此基础上，我还有两个新体会：第一，在自己预算范围内一步到位，直接用上最趁手的设备，既要量力而为，又不能将就凑合；第二，尽量购买拥有一定市占率或保有量的相对成熟的烘焙设备，不仅是为了不充当"小白鼠"，也是为了不孤单，能够有足够同道一起交流分享。

我们必须考虑自己的使用场景和场地条件。工业化生产的大中型咖啡烘焙机设备多数使用燃气，这是基于热效能、响应速度、能源成本、能源可靠性、技术成熟度、热容量和传导效率等诸多方面的考虑。但在讨论购置5kg以内的专业烘焙机时，越来越无须更多纠结于燃气烘焙机还是电热烘焙机（图4-3）。前者固然操控更加灵活、热延时低，但使用限制性条件更多，也具有更大的消防安全隐患。后者随着加热器技术等核心环节提升，反应速度等硬性指标也已迎头赶上来，以往"反应迟钝"的形象已经不复存在，而且更加适合大都市的消防安全需要、践行低碳环保理念。

图4-3　HB咖啡烘焙机的加热装置（火排与加热管）

设计科学、结构合理是专业咖啡烘焙机的基本要求，也是我们确定选购范围的基本考量。经典的滚筒式烘焙机的造型设计久经考验，我们可以将注意力放到四点上：加热装置、冷却装置、滚筒设计和温度传感器装置，因此选购考察比较简便。全新工业化外观和结构的烘焙设备也不一定不合理，但是需要更多的使用体验和探讨。我们应该重点观察评估烘焙机的烘焙风路与冷却风路，前者关乎烘焙时的能量供应、能量转化有效性、烘焙作品的质量等，后者关乎冷却效率，更是烘焙质量优异的必要保证。我的观点是，能否在3分钟以内将满载出锅的咖啡豆冷却至室温是判断冷却风路有效性的合理参考标准之一。

作者提示　　有学员刻意为难我，让我用一句（段）话概括选购滚筒式烘焙机的注意事项。我勉为其难概括为：火力足够且调控灵活；冷却系统强大有效；滚筒与扇叶设计科学合理；各个温度传感器设置科学合理。

接下来我们需要考虑咖啡烘焙机的最大载量，而这一点与我们的烘焙目的、消费需求、使用场景等密切有关。Ikawa的早期烘焙机载量是50g，但很快就出了载量100g的新烘焙机，可见纵使对于寻豆师、生豆商等打样需求明确的人群来说，载量50g实在是有点不够用，杯测用掉两杯就无法做手冲，更没法放几天继续再测，实在是尴尬得很。我

图4-4　1kg以下的小载量专业级烘焙机是关注的重点之一

认为，100~200g的载量适合烘焙打样，是非常不错的样品烘焙机选择。200~300g则是家用专业级咖啡烘焙机的最佳载量范围——不多又不少，既不会造成浪费，又基本够一周七天的消费量。而对于小体量的独立精品咖啡店来说，如果想升级为自烘店，建议购买最大载量500~1000g的专业级烘焙机，这样能兼顾咖啡原料与时间人力成本，符合商业运营的基本价值，具备一定的生产稳定性（图4-4）。如果属于较大体量和规模的自

烘店，抑或是考虑到申领SC食品生产许可证，一台5~6kg的专业级咖啡烘焙机应该是我们购置的第一台烘焙设备，不应考虑更小的载量。滚筒式烘焙机的最佳载量、有效载量与最大载量的关系见图4-5。

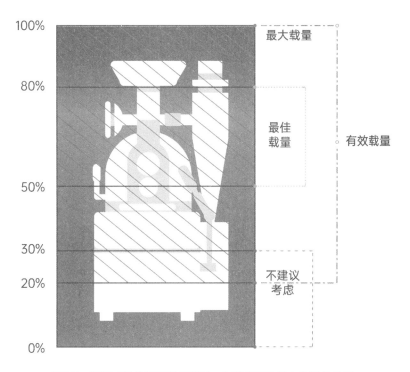

图4-5　滚筒式烘焙机的最佳载量、有效载量与最大载量的关系

利用手写纸质烘焙记录表的时代逐渐隐退，数字化烘焙、自动化烘焙正在进行时（文前彩图4-2）。作为一名"老资历"烘焙师，我心中有一条烘焙曲线，也可以心算确认烘焙全程的节奏细节，但很显然远不如AI软件直观靠谱，无数次默默PK失利后，我已经缴械投降，每次开机烘豆子至少也要匹配使用Artisan或小咖侠，彻底告别纸质烘焙记录表了。而接驳应用软件实时记录烘焙、开展烘焙记录分析的能力已经只能算是"过去时"，通过手机端无线连接，甚或远程操控烘焙全过程也算不上如何先进，未来主流的咖啡烘焙机都将配备智能烘焙系统，不仅可以做到从预热暖机、入锅进豆到出锅下豆、高效冷却的一键式搞定，还能通过精确的温度监测、灵敏的压差检测来实时调控火力与风压，实现几近于"零误差"的烘焙曲线复制，彻底取代人接管烘焙过程。我甚至认为，以后的咖啡烘焙赛就是单纯手机端或电脑屏幕前的烘焙曲线设计大赛，根本不

需要站在烘焙机前人为操控。我们不要对抗这个时代，无须去掌握那些过时的技巧，而应该充分享受时代的科技成果。

数字化烘焙是本书反复提倡的重点，尽可能在实践中烘焙几锅豆子，尝试明显不同的载量，大胆去调节火力与风门，通过曲线看一下烘焙机的数据表现，想快能否快？能否及时快起来？究竟能跑多快？想慢能否慢？能否及时慢下去？是否会导致失温？我们希望拥有一台操控灵活、反馈灵敏、反馈精确、稳定性强的烘焙设备，实际烘焙中产生的数据毫无疑问是最佳的观察角度。

最后，我们可以关注一下安全性、设备细节和烘焙机外观颜值。安全性的重要性毋庸置疑，智能化的安全保障系统是未来烘焙机的标配，一系列的智能传感器将确保燃气泄漏、意外燃烧、设备过热等一系列的问题不复存在。我也深深知晓，越来越多女性朋友进入烘焙的领域，而很多女性烘焙师会将外观颜值作为更加核心的考量。除了颜值外，设备细节也很重要。是否趁手好用？有无设计上的小缺陷？我建议大家可以重点关注这七项：工作噪声与异响、银皮抽屉设计、取样棒细节、冷却盘与搅拌器、照明有效性、计时便利性、集尘器与排烟。选购一台咖啡烘焙机需关注的问题见图4-6。

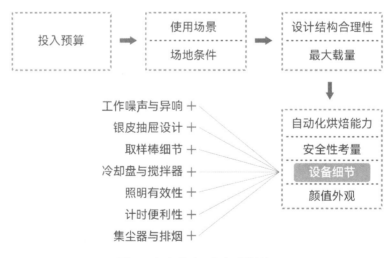

图4-6 如何选购一台咖啡烘焙机

解决烘焙机的排烟问题

排烟是烘焙师不得不考虑的问题，也需要在选购咖啡烘焙机后第一时间找到解决之道。很多在家烘焙的朋友饱受邻里或物业的投诉，为此苦不堪言。

我们先来了解两个基本常识：第一，载量越大，排烟越多。第二，焙度越深，排烟越多。尤其是进入第二次爆裂的深烘豆，滚滚浓烟在所难免，不可不知。

进行500g以内小载量烘焙时，家里的普通抽油烟机可以轻松应对，但使用1~2kg载量的烘焙机在家烘焙时则需要认真考虑抽油烟机的性能。油烟机的排气量指的是单位时间内排出的风量，通常以"m³/min（立方米/分）"计量，居家开展烘焙的烘焙师朋友应该选择风量在20~25m³/min的大排量油烟机较为合适。有的时候，风压也会影响抽油烟机的排烟效率，特别是在高层住宅共用公共烟道的情况下，风压足够大可以防止油烟倒灌，低楼层用户则需要更大的风压来对抗公共烟道的压力。如上这些都是我们大量烘焙爱好者学员"血泪史"的总结。

如果是自烘店，则需要按照餐饮店的规范来操作，将排烟与环保作为一个整体来考虑。静电油烟净化器简称静电机，是一种广泛应用于餐饮业的高效油烟净化设备，工作起来很安静，占用空间不大，其核心原理是利用电场力来捕捉和去除油烟粒子。烘焙机排出的富含杂质的油烟首先通过静电油烟净化器的预过滤器，通常是一层较为致密的金属网格，用以去除较大的颗粒物。然后气流进入电离区，这里含有一个或多个连接到高压电源的发射电极，这些电极产生电晕放电，使周围的空气电离，生成大量的自由电子和正离子并等待油烟粒子将其吸附，再将带电的油烟粒子吸引到带有相反电荷的收集电极金属板上，从而完成整个过程。净化后的烘焙尾气排出到外部环境，只剩下优雅的咖啡香气，却没了污染环境的烟尘。我们需要知晓的是，积累在收集电极上的油脂会不断积聚，往往需要定期开箱清洁。烘焙量越大，清洗越频繁。如果有条件，购买静电机时可以多购置1~2组金属网格，这样一旦进行高强度烘焙，使用起来就方便很多。

除了静电机外，水雾喷淋塔（简称喷淋塔）、后置燃烧系统（简称后燃）等也是常见的尾气处理设备。后燃则是从小型自烘店到工业化生产比较通用的咖啡烘焙尾气处理设备，有燃气与电热烘焙机可供选择，用于处理挥发性有机化合物（VOCs）、一氧化碳等污染物，将其转化为水和二氧化碳等。

第 5 章

热传递
与烘焙设备分类

咖啡烘焙与热传递

理解热传递是掌握、对比咖啡烘焙设备的重要前提，对于理解烘焙至关重要。热传递是物理学中的一个基本概念，描述的是自然界中能量转换和分布的一种基本方式，即由于温度差异导致的能量（热量）从一个物体或系统传递到另一个物体或系统的过程。这个过程会一直持续到两个物体或系统达到热平衡，即它们的温度相等。

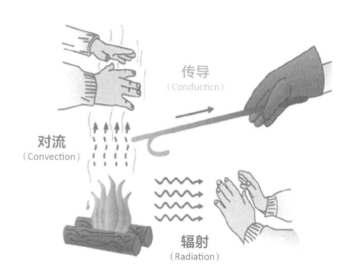

图5-1　经典烤火图展现热传递的三种形式

热传递可以通过三种主要形式发生：传导、对流和辐射，经典的烤火图很好地揭示了三者之间的差异（图5-1）。咖啡烘焙加热的过程本质就是一个复杂的热传递的过程，了解三种形式及占比有助于优化烘焙机设计、调整烘焙过程，从而改善呈杯风味。

第一，传导（Conduction）。传导又叫作导热，是指热量通过直接接触的物体内部分子振动和自由电子运动传递的过程。物体直接接触会发生这种热传递，或者热量在同一物体不同区域间传递也叫作传导，在三类热传递形式中，需要接触、速度较慢是传导的两大特征。

作者提示

根据热力学第二定律可知，温差是热传递的推动力，当存在温差时，分子会在材料之间以及材料内部扩散热量，热量会从较高温度扩散到较低温度处，咖啡烘焙过程中传热是由外及内、由表及里进行的，咖啡豆内部材质的实时导热性将热量从豆表传递到豆心。豆体内部的热传导性确保了热量的分配。也因此，传导始终是加热咖啡豆内部结构的最重要因素。

我们需要将滚筒中翻飞的咖啡豆当作研究对象，探讨其传导受热的过程。一方面，咖啡豆在滚筒中的热传导是极其复杂的，针对某一颗咖啡豆A来说，既有滚筒、扇叶、轴、探针（文前彩图5-1）等部件与其接触的热传导，也有其他咖啡豆与咖啡豆A碰撞发生的热传导，还有咖啡豆A高温部分（比如说豆表）与低温部分（比如说豆心）之间的热传导。另一方面，固体的导热效率通常高于液体和气体，不同固体的导热效率受材料的热导率影响，固体中的金属通常具有较高的热导率，是良好的热导体。液体（水）不如固体，是热的不良导体，气体（空气）更是隔热体。在我们探讨的热传导系统中，金属滚筒肯定是导热性能最佳的，咖啡豆作为固体次之，咖啡豆中的水分则在一定程度上阻碍了导热过程，或者也可以说控制了导热节奏，是我们需要高度关注且加以应用的。而等到豆体受热膨胀后（尤其是第一次爆裂后），内部充斥着空气，隔（阻）热效应大幅增加，导致由表及内的导热更加困难，是烘焙师需要高度关注的细节。不同材质的热传导系数差别极大，单论烘焙机滚筒的具体金属材质，不同合金材料在导热性、保温性和比热容等热性能指标上也存在很大差异，这些差异与它们的金相组织（即微观结构）密切相关。不同材料的热传导系数与三大热传递公式见图5-2。

材料名称	热传导系数/[W/(m·K)]	材料类别
银(Silver)	410	固体（金属）
铜(Copper)	385	
铝(Aluminum)	202	
铸铁(Iron)	73	
钢材(Steel)	16 ~ 50	
大理石(Marble)	2.1 ~ 3.0	固体（非金属）
咖啡生豆(Green Coffee)	1.3 ~ 1.8	
玻璃(Glass)	0.78	
水(Water)	0.556	液体（水）
空气(Air)	0.024	气体（空气）

热传导(传导换热)公式

$$Q=\frac{k\cdot A\cdot(T_1-T_2)}{d}$$

Q：总传热量
k：材料的导热系数
d：传热方向的厚度
A：传热面积
T_1-T_2：温差

热对流(对流换热)公式

$$Q=h\cdot A\cdot(T_S-T_f)$$

Q：总传热量
h：对流换热系数
A：传热面积
T_S：固体表面温度
T_f：流体主流温度
T_S-T_f：表面与流体的温差

热辐射(辐射换热)公式

$$Q=\varepsilon\cdot\sigma\cdot A\cdot(T_1^4-T_2^4)$$

Q：总传热量
ε：物体表面发射率
σ：斯特藩-玻尔兹曼常数
A：传热面积
T_1，T_2：两物体的绝对温度

图5-2　不同材料的热传导系数与三大热传递公式

第二，对流（Convection）。对流是指在流体（液体或气体）中，由于温度差异引起的密度差异导致流体运动，从而带动热量的传递。高效是对流传热最大的特点。对流也分作自然对流和强制对流两种情况，前者由温度差异引起，在自然界中较为常见。

后者可以由外部力如风扇或泵推动。现代的咖啡烘焙机中一般都有非常精巧的风机，可以形成持续且稳定的强制对流。从文前彩图5-2中，我们不仅能够看到烘焙风路，还能看到生豆料斗、拨片、加热源、滚筒后部预混热风结构等。我们将滚筒中翻飞的咖啡豆当作对象来研究一下对流导热，不难发现热空气就像一只无形的手将咖啡豆包裹，可形成360°无死角的全面包裹，再加上热空气拥有远超传导的穿透性，使得传热非常均匀一致且有效。这一特征带来的热风对流传热有两大显而易见的好处：一是咖啡豆表颜色均匀一致，色差小，膨胀性好，外观品相更胜一筹；二是热风传热仅依赖风温与风量两大参数，这导致对流热容易精确控制且效率高，对于自动化设计意义巨大。但与此同时，我们也应该认识到，对流热越高并不代表咖啡呈杯风味一定最好。

作者提示

快节奏热风烘焙是非常有效地实现浅焙的烘焙方式，一爆更加集中且明确，豆表色值与豆心色值之间的差（RD值）适当拉开，缩短了美拉德反应与焦糖化反应的时间，减少豆内有机酸流失，保留了相对较多的酶催化反应风味，因此咖啡更加酸甜、明亮、活泼。这也就是所谓的大风大火的北欧式烘焙。

第三，辐射（Radiation）。辐射是指热量以电磁波的形式光速传递。物体因温度而发射热辐射，哪怕在无需介质的真空中也可以辐射传热。温度越高，辐射强度越大。滚筒、扇叶、金属探针、咖啡豆彼此间都在进行着热辐射。第一，速度快是辐射传热的最大特点。某些烘焙策略下能缩短烘焙时间，从而减少咖啡豆中有机酸的流失，有助于保留酶催化反应风味（花果酸香）。第二，辐射传热不仅速度最快，而且穿透性优、着色能力强，有助于增强里外一致性，但热传递效率却并不高，只能算是辅助性加热源，用以弥补其他加热方式的不足。比如快速烘焙模式下的受热均匀会减少些许苦味和杂感。第三，不同高端品牌烘焙机的滚筒合金材料对于辐射多寡有着显著影响，从而带来一定差异性。事实上，越来越多的咖啡烘焙设备（如智烘Stronghold额外设计有卤素灯）中会增加红外加热元件，用以增强辐射传热。与其他波段具备辐射传热能力的光波相比，近红外线能量与效率适中，对人体比较安全，光谱特性也适合烘焙过程中的化学反应，适中的波长能够确保从豆表到豆心获得相对一致的受热，让呈杯风味干净且明亮。

综上所述，我们应该意识到咖啡烘焙机，尤其是最为常见的滚筒式咖啡烘焙机其实是一个非常复杂的热传递模型，任何参数的变动都将几何级数增加系统复杂度。对于滚筒式咖啡烘焙机操作来说，减少系统中的变量、增加常量才是理性且合理的操作思路。改变入豆载量、调节滚筒转速等都是需要三思的举动，轻率且频繁进行如上操作也会被认定为不合逻辑之举，结果的稳定一致性受到影响，会导致大量烘焙实践毫无成效，不值得提倡。

咖啡烘焙机的三大类型

直火式、半热风式和热风式是我们最常见的三大烘焙机分类。

直火式烘焙机是将咖啡豆放入筒壁打孔的滚筒中，以咖啡豆表直接接触热源的形式进行焙制。通常来说，小型甚至微型的非专业烘焙设备（图5-3）往往会采用这种原理，其优点是构造简单、造价低廉、易于操作，缺点是咖啡豆参与太多的传导受热，"固固接触"容易导致受热不均且膨胀不足。也有少数咖啡烘焙师迷恋这种原理，尤以日系烘焙多见，他们会专门定制专业的直火式滚筒烘焙机。如果构造设计合理，操作专业得当的话，直火烘焙能够很好地表现咖啡香气等风味特色，再配合冲泡环节，可以将精品店的技术特色表达得淋漓尽致。

半热风式烘焙机是在直火式基础上改进而得，又称作半直火半热风式烘焙机。滚筒

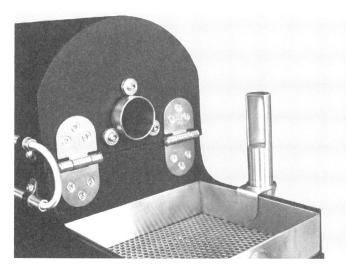

图5-3 　顽固咖啡TANK系列小型直火式烘焙机

筒壁实心并无孔洞，却留有固定的热风通路——滚筒后方有用来导气的孔隙。对于半热风式烘焙机，虽然被加热的金属滚筒壁与咖啡豆表频繁接触，使得传导热依然占到相当比重，但更多是让产生的热风进入滚筒来焙制咖啡豆，大幅增加了对流热在热传导中的占比，热风占比往往能做到60%或更高，这种改进使得咖啡熟豆的膨胀性很好，品质得到了大幅提高，操作可控性也不错。

热风式烘焙机简称热风机，既可以做得极小巧用于打样，也可以做得体形巨大用于大型工业化烘焙生产，是目前的大热门，也被认定是烘焙机未来的发展方向。热风式烘焙机能够最大化减少传导热和辐射热在热传导中的占比，单一突出对流热，让咖啡豆在热风中悬浮翻滚。这样做的好处不仅使咖啡豆的膨胀性极好，提高了烘焙效率和萃取效率，还使得操控性增加，烘焙生产的稳定性大幅提高。

其实早在1929年，德国人便发明了设计非常成熟的热风式烘焙机。这台烘焙机拥有全程可视化设计、自动除烟尘功能、2kg的最大单锅烘焙量，能够在3分钟时间内完成烘焙操作。从那时起，工业化烘焙生产就高度关注热风的占比和应用价值。后来精品咖啡浪潮兴起，滚筒式烘焙设备作为典型的慢速烘焙设备，比较好地能体现"人机结合性"，放大了人在烘焙过程中的掌控性，彰显了烘焙的艺术性，提升了烘焙成果的个性化，在微型烘焙领域占得了垄断地位。而随着Ikawa等小型化热风式烘焙设备的出现，烘焙师逐渐不再将核心价值体现在烘焙操作环节，设计烘焙曲线、稳定烘焙生产甚至复制烘焙曲线的自动化烘焙变成追求，热风烘焙机在这一领域也有了强势崛起的势头。雀巢研发的ROASTELIER热风式小型烘焙机（图5-4）将预烘焙豆子与定制烘焙曲线结合，构建了一套基于门店新烘的解决方案。

滚筒式咖啡烘焙机

发明于20世纪初的滚筒式咖啡烘焙机（Drum Roaster）又叫鼓式烘焙机，是目

图5-4　雀巢研发的ROASTELIER热风式小型烘焙机

前最主流且经典的烘焙机设计架构。烘焙过程中不断旋转翻滚的金属制滚筒是其标志性装置，一眼就能识别出来。这种设计架构使得烘焙师可以缓慢地烘焙咖啡豆，并从容不迫地进行有效干预、灵活调整，从而精确掌控烘焙结果。又恰逢精品咖啡浪潮，工匠精神回归，滚筒式烘焙师成为全世界微批次烘焙的宠儿。

为了使烘焙受热更加均匀且高效，滚筒中往往会设计一组精心计算过的搅拌叶片，Probat公司最早采纳的这种设计目前已经被广泛采纳，并成为滚筒式烘焙机的标配。

直火式和半热风式往往也会设计成滚筒式原理的咖啡烘焙机，大小尺寸各有不同。我使用过每锅载量200g的小型滚筒烘焙机，也用过每锅载量60kg、远比人还高大的滚筒式烘焙机，还见识过咖啡烘焙工厂里每锅载量600kg的钢铁巨人，几乎是"镶嵌"在楼宇中，宛如一体。每当下豆出锅时，滚滚热浪袭来令人心惊。滚筒中不仅安置了特殊的水冷装置，硕大的冷却盘上还安装有防护隔离罩，避免引起工伤事件。

数据化烘焙的重要理念是化繁为简，我们要尽量减少一个复杂系统中的变量。如果将研究对象视为滚筒式烘焙机，入豆量的稳定一致是减少复杂热传递系统变量的重要举措。与此同时，恰到好处且相对固定的转速对于控制滚筒式烘焙机的烘焙质量也至关重要。虽然我们并不排斥在特殊情况之下灵活调整转速以达到目的，但并不认为这种调整应该属于常态（图5-5）。

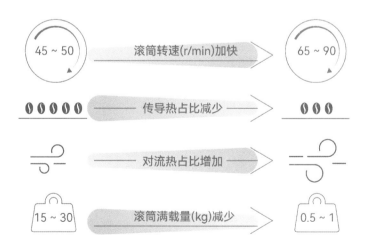

图5-5　滚筒最佳转速亦与滚筒造型、半径、扇叶设计等构造相关。针对同一台烘焙机，且载量合适，偏高转速更加适配较小载量、高热风的快速均匀烘焙，偏低转速更加适配较大载量、拉长时间稳定烘焙

为了进一步缩短烘焙时间、提高烘焙效率、优化控制精准性、改善烘焙品质，滚筒式烘焙机也在不断升级改良中（文前彩图5-3）。除了增加各种电子设备和辅助软件以外，提高对流热在传导中的占比是基本思路。我们可以从Giesen、Probat乃至国产三豆客、HB、顽固等滚筒式咖啡烘焙机的新型号中看出这一趋势，诸如另开燃烧室、减少滚筒热传导等设计创新频频出现。Probat的Neptune系列便是经典的工业化滚筒式烘焙机，对流传热占比70%，剩余30%则是借助与加热的烘焙鼓外壁和导板的热接触等形式来完成，这种"七三开"的传热占比逻辑俨然已成为当下侧重热风的滚筒烘焙机标准。官方将Probat的Neptune系列定义为8~20分钟的烘焙时长，可以进行温和的烘焙过程，以发展出丰富的香气和咖啡风味，适合生产高品质咖啡，比如意式浓缩咖啡（Espresso）。我们可以与后文中介绍的其他热风式烘焙机做对比。图5-6为经典滚筒式咖啡烘焙机工作流程。表5-1为常见1kg载量的小型烘焙机建议烘焙时间范围。

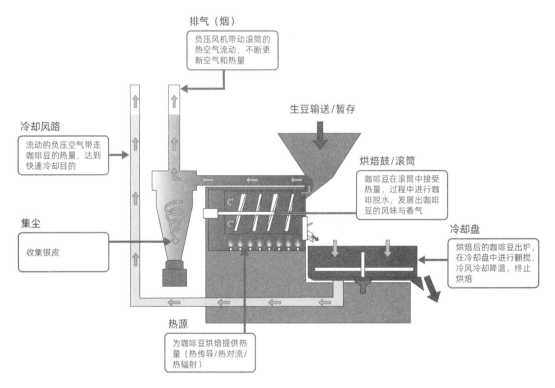

图5-6 经典滚筒式咖啡烘焙机工作流程

表5-1　常见1kg载量的小型烘焙机建议烘焙时间范围（浅焙—中深焙）

烘焙机机型	时间/min
直火滚筒式烘焙机	9~16
半热风滚筒式烘焙机	8~15
全热风式烘焙机	6~12

流床式、离心碗式与切向式烘焙机

流床式烘焙机（文前彩图5-4）又叫浮风床式烘焙机、流化床式咖啡烘焙机，通常原理是通过喷射已经加热好的热空气来翻滚加热咖啡豆，让咖啡豆在仓室内循环流动，使得咖啡豆在更短时间内实现更好的膨胀，从而实现高效精准烘焙作业。流床式烘焙机于1926年由海因里希·凯森（Heinrich Caasen）发明，但直到30年后，第一台可商用流床式咖啡烘焙机——Lurgi公司的Aerotherm烘焙机才进入市场。而到了20世纪70年代，流床式烘焙机逐渐成为成熟且经典的全热风式烘焙机解决方案。

离心碗式烘焙机（Bowl Drum Centrifugal Coffee Roaster）又叫作离心式烘焙机，是另一类经典的热风式烘焙设备，对流传热占比极高，Probat的Saturn系列工业化烘焙机就采用了离心碗烘焙技术，这种技术的最大特点是不需要通过扇叶等机械搅拌来驱动咖啡豆运动轨迹，特别设计的烘焙结构就像一只带盖子的烘焙碗，能不断旋转产生离心力，使咖啡豆在碗上移动并不断将其引导进入热风中通透加热，从而带来温和、稳定且高度均匀一致的烘焙结果。而众所周知，"采摘—加工—烘焙—研磨—萃取"的每个核心环节中，一致性都是非常关键的核心诉求。离心碗烘焙技术不仅能够实现高度一致性，还能带来强大的复制性。Probat官方提供的Saturn系列离心式烘焙机性能参数见表5-2。

表5-2　Probat官方提供的Saturn系列离心式烘焙机性能参数

型号	烘焙时间/min	烘焙产能/（kg/h）	载量/kg
SATURN TYP 1	1.5~12	2500~4000	210~550
SATURN TYP 2	5~15	300~4000	30~600

切向式烘焙机（Tangential Coffee Roaster）也属于对流传热占比很高的热风式烘焙机，Probat的Jupiter系列工业化烘焙设备就是其中翘楚（图5-7）。切向式烘焙机内置固定的隔热烘焙仓，仓内装有用于转动和混合咖啡豆的桨式搅拌结构，热风流向与桨式结构转动方向相切，从而完成热量的平衡传递。与其他类型热风机对比，快速闪焙、生拼烘焙、几秒钟清空烘焙炉是切向式烘焙机的三大显著特点，从而可以实现烘焙生产的高度灵活性。Probat官方提供的Jupiter系列切向式烘焙机性能参数见表5-3。

表5-3　Probat官方提供的Jupiter系列切向式烘焙机性能参数

型号	烘焙时间/ min	烘焙产能/ （kg/h）	载量/ kg
JUPITER UII	5.5~18	约5000	50~780
JUPITER UIII	3~18	约4000	57~600
JUPITER SY	1.5~18	约3000	47~525
JUPITER HYBRID	1.5~18	约3000	47~600

图5-7　Jupiter系列切向式烘焙机

第6章

烘焙作业三部曲
与烘焙师思维模型

计划烘焙阶段（烘焙前）

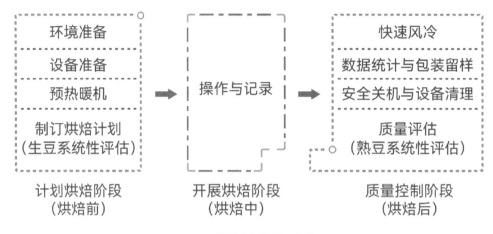

图6-1　烘焙实操作业三部曲

　　烘焙前的各项准备工作是烘焙实操作业三部曲（图6-1）的第一阶段，也可以说是最为重要的阶段。前文讲述过的"咖啡烘焙三要素模型"在此发挥了重要作用：烘焙机、生豆、周遭环境，烘焙师则是居中谋划通盘、掌控全局，并将制订烘焙计划、确定烘焙曲线视作本阶段的核心要务。

　　环境准备是我们要做的第一件事情。咖啡烘焙应该在通风及排烟条件良好、光线充足、温度适宜、安全措施完善的室内场所进行。要注意以下几点。第一，室外环境气流不稳定，时而来一阵风，时而出现些突发状况，这些都是烘焙生产的大忌。很多小载量的烘焙机，滚筒质量小，豆堆充其量不过几百克，更容易受到外界"风吹草动"的影响。而室内环境更加稳定，干扰因素更小，是我们的首选场地。第二，过于狭小的室内环境可能存在空气流动不畅、排烟不利、消防措施不齐备等问题，也不是理想选择。建议很多做工作室的烘焙师朋友检查自己的日常烘焙环境，确保安全举措无碍、排烟顺畅、空气流通顺畅。须知，含碳有机物在充分燃烧环境下生成的是二氧化碳，但在含氧量不足环境下不充分燃烧的生成物是一氧化碳，会危害人体健康。第三，强烈建议烘焙师养成习惯，开机前先打开空调与新风系统，待室内温度稳定且适宜后，再开始全天烘焙实操。

　　设备准备是我们要做的第二项大事，具体又分作设备检查与烘焙机预热。

我当年在驾校学车，驾校司机师傅会反复告诫新手司机，上车开动前务必养成绕车检查一圈的好习惯，这个并非强制性的要求实则是在对车辆进行一个快速全面的安全检查，以确保车辆在行驶过程中的安全性和可靠性。还别说，开车二十多年来，一直保持着这个习惯，也确实曾经发现过几次问题：轮胎被扎、尾灯被盗、车身被剐蹭……对于咖啡烘焙师来说，也应养成类似的好习惯，烘焙开工前将关注点放在咖啡烘焙机上，除了检查设备可靠性外，还要考虑排烟管道的通畅性，不仅特殊天气可能导致气压改变影响风路，伸出至户外的烟囱可能因为风向的改变导致排烟受阻，还要及时检查集尘器、烟道、银皮抽屉等处是否有积累的烟尘碎屑，静电机是否及时清洗，我们将其称为"开工前检查"。

检查妥当后，推上电闸，按下电源（Power键），等待短暂数秒钟让设备通电自检完成后，再点火开始加热（Heat键），这一步叫作预热或暖机。预热的本质是储热，对于绝大多数烘焙机来说都至关重要，而烘焙机设计结构、滚筒质量与结构、最大载量、室温等诸多因素决定了预热的时间长短。总体来说，烘焙机体积、质量与载量等越小，预热时间越短，反之需要的预热时间则越长。每天开工第一锅前烘焙机处于彻底凉透的状态，才涉及真正的预热，如果是最大载量1kg左右的滚筒烘焙机，预热时间一般在30分钟上下。烘焙机开动后，一般会一锅接一锅连续作业，这时烘焙机已经具备相当的储能，但依然需要做好锅间流程，确保储热尽可能稳定一致，由此确保烘焙生产的稳定性。

在烘焙机预热的时间，我们不要傻傻等待，而应该统筹时间，尤其用来准备生豆，这是第三项工作。具体包括：咖啡生豆的目测观察、称量、筛选、相关数据测量等，必要时可以将多支豆子横向对比开展生豆系统性评估，我们更需要据此制订出接下来的烘焙计划。

电子秤和称量生豆的豆盘是必不可少的设备，我们应确保记录的入锅生豆量与筛选完成倒入生豆料斗的实际数值完全一致。精品咖啡烘焙经常用筛网来做目数的筛选，一套生豆筛网是烘焙师的必备，我们在铂澜嫌手动筛豆辛苦，还3D打印制作了一套电动基座，可以将一组筛网搁置其上。如果要求特别高，可能还需要对生豆进行逐一手选。根据经验，纵使采用Q体系的生豆分级标准来精细手选，只要不填表，半小时内足可精挑3kg咖啡生豆。

除了电子秤和一组筛网，如果手头有水分密度检测仪、水活性检测议等设备，我们还应如实记录生豆的含水量、密度、水活性等重要数据。

第一阶段的第四项重要工作也是最后一项工作，叫作烘焙目标确认，也就是制订烘焙计划。对于很多商业级或工厂级烘焙来说，就是确认并调取用来复制的目标烘焙曲线。烘焙计划的制订几乎要联系结合全书所有的知识点，本章节里我们只能将其与生豆系统性评估相结合来展开。

制订烘焙计划

烘焙实操作业的第一阶段中，看似豆子还没入锅，但实则是重要性最高、技术难度最大的环节。烘焙师需要居中谋划通盘、整理数据、横向对比、掌控全局，并将制订烘焙计划、确定烘焙曲线视作本阶段的核心要务，从顾客视角出发，充分考虑消费场景、产品定价、顾客偏好、研磨与萃取方式等市场端需求，是我们制订烘焙计划的基石，而生豆系统性评估则是坚实的技术保障。

虽然各种咖啡烘焙记录表上都有烘焙计划一栏，但是往往被大家所忽略，实则失去了一个宝贵的提升机会。"指哪打哪""计划指导结果"永远都是最高级的。包括WRC（世界咖啡烘焙大赛）、CCR（中国咖啡烘焙师）系列赛在内的很多烘焙赛事都明确要求每一位参赛的烘焙师必须做好入豆下锅前的烘焙计划，等烘焙成果出来后，再看事先规划的内容究竟有多少得以实现，并将此算作最终成绩的重要组成部分。选手在评分表上写的风味描述和评委实际喝到之间的差别是决定竞技名次的核心环节，单纯好喝与否并不是最终极的PK，不仅要好喝，还要和事先描述的一般无二才是技术水平的体现。

开展烘焙阶段（烘焙中）

一切准备妥当，我们迎来咖啡烘焙实操作业三部曲的第二阶段，也就是咖啡生豆入锅直至熟豆出锅下豆的全过程，我们称之为"烘焙中"。虽然本书后续大部分内容都在讨论这一阶段涉及的物理及化学变化，以及更多的技术细节，但我还是要再一次强调现代咖啡烘焙进入了数据化咖啡烘焙时代，操作层面理应尽可能交给AI程序去自动化、智能化完成。我们务必相信，软件系统会比人类更加擅长精确的过程控制和烘焙数据记录。而烘焙师作为人的价值主要体现在三部曲的第一阶段"烘焙前"和第三阶段"烘焙后"，前者需要制订烘焙计划，后者涉及质量控制，是优秀烘焙师的主战场。

在烘焙过程中，及时且精准的记录永远都是最为重要的。咖啡烘焙记录表不管是纸质的，还是电子版的，都是基于平面直角坐标系第一象限的热传递过程数据化呈现，横轴X正方向为烘焙时长，纵轴Y正方向为温度上升。其上每一个点$P(X, Y)$都应表述为：时间几分几秒，温度多少摄氏度。

如果是手写记录，我们应确保操控动作与实际记录保持一致；如果是程序自动记录，我们应该关注延时是否在允许的误差范围内。我们通过电脑端Artisan等烘焙记录软件连接咖啡烘焙机、采集实时烘焙数据时，经常会出现延时。想要彻底解决延时问题是不可能的，采集数据量超过数据传输速率、无线蓝牙信号干扰、接收数据端软件算法复杂、UI响应慢等问题必然会存在。这也是我们这种"老师傅"喜欢看着烘焙机上的实时温度显示做快速心算、并对此颇为自得的原因。如何心算呢？假如温度刷新显示为170℃，便开始默默读秒，待温度再次刷新显示为171℃时，正好默数了6秒，意味着每隔6秒升温1℃，那么实时RoR为10℃/min，这种心算的精准度远超软件，而且更加及时有效。

作者
提示

针对烘焙记录软件的延时问题，我们可以做些力所能及的优化：第一，优先使用有线USB连接代替无线蓝牙连接，减少干扰和提高稳定性。第二，升级USB版本，使用高质量USB线缆。第三，关闭影响USB设备响应的电源管理设置（尤其在延迟或不稳定连接与电源管理有关的情况下）。第四，升级软件并在设置界面进行调整，减少必须实时采集的数据量。第五，升级电脑硬件如CPU、内存等。

质量控制阶段（烘焙后）

出锅下豆是以秒为单位、务必准确决断、及时操作的"尖峰时刻"。只要是手动操控，经验丰富的烘焙师在面对哪怕非常熟悉的咖啡豆时，也要在咖啡豆进入一爆后保持高度关注，集中全部注意力，尽可能将出锅时点拿捏至毫巅。很多时候，哪怕错误了几秒，便是错失了一大片美好"风景"（风味）。

落入冷却盘中的滚烫熟豆需要尽可能快速且有效的风冷。这里有三点值得额外关注：第一，虽然水淬冷却会比风冷更有效率，但对豆子劣化损伤较大，精品咖啡强调风冷；第二，冷却盘中的咖啡豆表温度在下降时，如果冷却速度不够快，冷却过程太费时，豆心却可能依旧处于催发化学反应的高温状态，而这一过程生成的风味基本都是负面的，需要尽可能杜绝；第三，如果烘焙机风冷效率不佳，我们可以考虑其他辅助手段来提速，或更换更大功率的冷却风机。

咖啡熟豆彻底冷却后，如果还需进行筛选（手选），我们应在计算完失重率、膨胀率等重要数据后再进行，避免相关数据不准确。

全天烘焙作业结束后，咖啡烘焙机关火不断电，开始徐缓降温。这个过程可能如预热暖机耗时数十分钟，确实有点叫人难熬。不管是为了杜绝火灾隐患，抑或是避免莽撞断电关机造成的烘焙设备不正常冷却的微小形变，我们都必须耐心等至烘焙机温度下降到安全温度时，才能关机断电。但聪明的烘焙师恰恰可以统筹规划，利用这段宝贵时间整理分析烘焙记录，贴标留样用于事后测量豆粉色值、感官评估等，而一切就绪的咖啡熟豆不应做过长时间的暴露摊放，应尽快称量并包装保存起来。

咖啡熟豆的系统性评估是这一阶段的核心工作，也是烘焙师价值的重要体现，在企业中很可能还需要团队中如咖啡品鉴师、产品研发等其他伙伴参与，我们将在后文中详细论述。

咖啡烘焙师的思维模型

优秀的咖啡烘焙师都会有一套行之有效的思维模型，并由此指导烘焙实践。拿到一款全新生豆后，可供参考的思维路径大致如下。

第一步，了解用途。烘焙师应详细知晓咖啡商品的最终形态、使用场景，知晓产品在消费端的市场定位以及顾客的期待。这是基于以顾客为中心、为顾客创造价值的经营理念。将这一点确定，就宛如大海中有了灯塔，黑夜中看到了明灯，我们的烘焙实践有了方向性与指导性。

以顾客为中心、为顾客创造价值的理念强调通过提供顾客认为有价值的产品、服务或体验来满足顾客需求和欲望，从而实现企业的商业目标。这种理念认为，企业的成功不仅仅取决于短期内的销售业绩和利润，更重要的是能够持续地为顾客提供价值，建立起顾客忠诚度，并与顾客建立长期的合作关系。这一理念有六大关键点：以顾客需求为导向，为顾客创造价值，注重顾客体验，强调顾客关系管理，个性化和定制化，持续创新能力。不难看出，所有成功的咖啡企业都是如上理念的卓越实践者。

第二步，确定感官模型。在第一步基础上，我们应积极实践三要素模型，尽可能向生豆商获取生豆相关信息，开展生豆系统性评估，结合烘焙机与周遭环境，构建理想中的咖啡呈杯风味，并设计出蜘蛛图。对于烘焙师来说，我们不应在焙度上给自己人为设限，并不存在必须浅焙的豆子，也没有必须深烘才好喝的咖啡。每个不同的焙度都有自己的精彩之处，最终是否选择是由如下两个因素共同决定的：第一，消费场景的需求以及顾客的偏好；第二，该焙度的呈杯风味是否足够好。有时候，"5分的综合风土之味+1分的烘焙风味"叫作好喝；也有时，"2分的综合风土之味+3分的烘焙风味"叫作好喝。但需要知晓的是，越是深焙，源自生豆的综合风土之味越是消磨泯灭，而烘焙风味则越发强势，我们需要拿捏好分寸。

第三步，积极实践双沙盒模型。"烘焙打样"与"感官评估"可能要反复多次，从小机器再上到大设备，确定最终的SOP（Standard Operating Procedure，标准操作流程）并不那么简单。

作者提示　"烘焙打样"是大家口中的高频词，但你是否能正确理解烘焙打样呢？很多时候，烘焙打样只能用来干两件事情：第一，确定豆子品质是否过关；第二，确定豆子在哪个粉值（范围）能够有较为理想的呈杯风味。至于更加细致的烘焙曲线设计，有时并不是打样能够承载的使命，烘焙师的理解判断会起到更大作用。"好的豆子，怎么烘都好喝"便是那些优秀烘焙师们的自谦之词。至于直接复制打样烘焙曲线，可能性更小。

感官蜘蛛图模型应用案例

以下为四个不同场景的案例，我们将分别为其设计对应的感官蜘蛛图模型。模型中得分所对应的基本描述参见表6-1。

表6-1　模型得分与对应的基本描述

得分	基本描述
0	None（完全没有，无感）
1	Extremely weak（很弱）
2	Weak（较弱）
3	Moderate（明显可感，中等）
4	Strong（非常明显，较强烈）
5	Extremely strong（非常突出，极强）

案例A：用于制作某商业连锁便利店的搭配早餐的滴滤式黑咖啡，定价在每杯5~10元。

案例B：用于某知名大型平价连锁咖啡门店的日常奶咖出品，定价在每杯15~18元。

案例C：某知名精品咖啡电商品牌线上销售的咖啡熟豆，售价不低，顾客多用于制作手冲咖啡。

案例D：用于某精品咖啡独立门店的吧台SOE（Single Origin Espresso，单一产地浓缩咖啡）奶咖出品，定价在每杯30~35元。

案例A属于非常典型的便利店"刚需快咖啡"，顾客对于咖啡因的需求超过对于呈杯风味的期待。考虑到购买场景、大众消费者的风味偏好，结合不同焙度豆子的投入产出，太浅或太深的焙度不在我们考量范围内。再考虑到搭配的早餐食物中难免会有偏油腻的食物或甜食，略深一些的烘焙会相得益彰。因此中度偏深直至中深焙理应是比较理想的焙度范围。如果还想再分析下去，则要结合具体的生豆信息（产地、豆种、处理法等），甚至是便利店搭配咖啡的早餐食物列表。对应的感官蜘蛛图模型见图6-2。

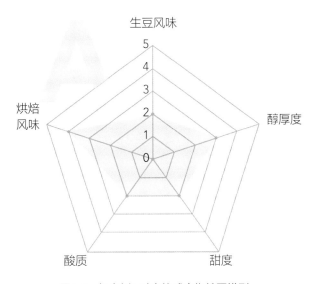

图6-2　与案例A对应的感官蜘蛛图模型

　　与案例A相同，案例B也属于面向大众的"刚需快咖啡"类型，但有时会承载些许品牌预期。大众消费者对于意式咖啡的风味偏好更偏向于烘烤坚果、奶油、香草、巧克力等，而绝非是花果酸香甜，再考虑到意式咖啡研磨萃取设备的容错性及稳定性，中深焙至深焙理应是最理想的范围。如果还想再分析下去，一方面我们需要分析生豆信息（一般是拼配组合）；另一方面还要考虑使用的奶品，将烘焙生产结合奶品以达到最佳呈现。对应的感官蜘蛛图模型见图6-3。

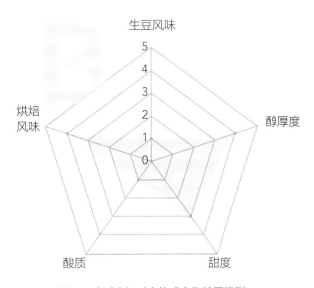

图6-3　与案例B对应的感官蜘蛛图模型

案例C是用于制作手冲咖啡的咖啡熟豆，瞄准的是相对有钱有闲、追求仪式感和生活品质的精品咖啡客群或场景，属于"精致的生活方式咖啡"，至少也应是"口红效应"的产物。浅焙至中焙是较为通常的焙度考量。如果还想再分析下去，产地、豆种、处理法等生豆信息便是最核心的关注点。巴西等产国也有很多适合浅焙的风味型好豆子，但相信更多人拿到巴西豆会首选中焙，

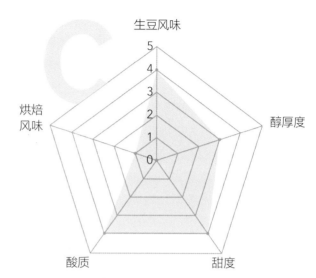

图6-4　与案例C对应的感官蜘蛛图模型

使其呈现出更多奶油巧克力和坚果甜香风味、柔和的酸质和饱满的甜度。埃塞俄比亚、瑰夏、厌氧日晒等则能让我们联想到炸裂的花果酸香甜风味，浅焙是将其展现在杯中的最佳途径。对应的感官蜘蛛图模型见图6-4。

案例D作为精品级SOE奶咖，要求我们首先从奶咖的角度来考虑，足够的甜度、平衡感和醇厚度是对于奶咖基底的基本要求，因此烘焙程度不可能太浅。SOE奶咖则意味着需要尽可能保留风土之味，因此烘焙程度不可能太深。两者结合，一爆结束后直至二爆开始前就是我们的选择区间。在此范围内，我们一方面需要多次打样来优化烘焙曲线；另一方面也要结合奶品特色风味，最终找到最佳的烘焙程度。对应的感官蜘蛛图模型见图6-5。

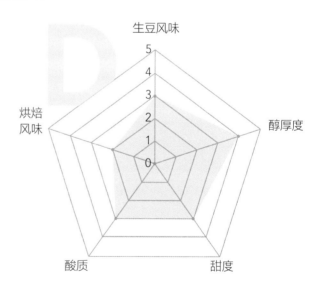

图6-5　与案例D对应的感官蜘蛛图模型

第7章

生豆系统性
评估与储存

关于咖啡生豆系统性评估

我的微信朋友圈好友大体分作两类人：咖啡人（从业者或爱好者）与非咖啡人（平时最多就是买杯咖啡喝）。一旦我在朋友圈里晒一些生豆照片，两大阵营泾渭分明的评论十分有趣：前者会热烈猜测生豆的产地、品种与处理法，并就此热烈探讨甚至不乏争论。后者评论则整齐划一：这是咖啡生豆吗？你难道能够看出它们的区别吗？为什么我看上去它们都是一模一样？……很多时候，无法看清是因为距离太远、视角太偏，就如同高空中去看地面上的行人犹如一只只

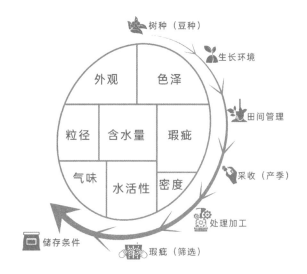

图7-1　生豆系统性评估不仅能让我们了解生豆的
诸多秘密，更是制订烘焙计划不可或缺的环节

没有任何区别的蚂蚁。而一旦走到人群中，与行人们彼此擦肩而过，自然能够看清每个截然不同的活生生的个体。

研究咖啡生豆同样如此，哪怕是来自同一株咖啡树的生豆，每一颗也都是世间独一无二、绝无仅有的个体，彼此色泽、形状、体积、密度、质地、质量、成分、结构、分布等截然不同，从而带来烘焙过程中升温、着色、爆裂等截然不同，更不用说最后的呈杯风味。生豆系统性评估就是要转换成最佳视角，尽可能近距离观察生豆，这是烘焙前最为重要的工作之一，也是制订烘焙计划的依据（图7-1）。

我们需要全面评估咖啡生豆的重要物理参数，这些数据的背后揭示了咖啡豆种、生长环境、田间管理、采收处理、仓储运输等各个环节的诸多信息。生豆系统性评估可以用于勾勒出生豆的完整轮廓，再辅以从种植者或生豆商处获得的有用信息，我们可以极大程度上加深对于本款豆子的理解。此外，生豆系统性评估获得的很多信息是烘焙师用来做横向比较的。含水量、密度、粒径等数值看似枯燥无趣，却是与其他生豆相比较、设计不同烘焙批次的核心依据所在，它们确保我们可以游刃有余地优化微调烘焙曲线来开展一炉又一炉的烘焙实践。

视觉与嗅觉观察

观察生豆外观与色泽永远是第一步，咖啡豆中的蛋白质、脂肪等重要物质被氧化，或者遭到了霉菌等侵蚀，会导致生豆颜色变异。最好还能抓几颗豆子凑到鼻前嗅闻一下，感受一下香气的特征。

辨析生豆色泽在各类精品咖啡培训认证考核中都会涉及，考虑到五花八门的处理法，以及采摘时间、储存条件等各不相同，生豆色泽势必存在差异：水洗处理颜色偏绿，日晒处理颜色偏黄，含水量高的新豆颜色偏绿，含水量低的陈豆颜色偏黄。CQI Q Grader允许精品咖啡生豆的颜色从蓝绿色一直到浅黄色，即蓝绿色（Blue-Green）、豆青色（Bluish-Green）、绿色（Green）、微带青色（Greenish）、黄绿色（Yellow Green）和浅黄色（Pale Yellow）。但有两种生豆颜色是不被允许的：鸡蛋黄色（Yellowish）和棕色（Brownish）。事实上，很多特殊处理法（尤其是技术粗劣的香精豆）会导致生豆色泽违规，只可惜普通消费者无法直观感受到这一点。

气味也是重要且快速的评判项目之一，咖啡生豆包含一些在生长、采收至加工过程中逐渐形成的醛类、酮类、酯类等物质，它们在常温下即可挥发，赋予生豆独特香气。精品咖啡生豆不能出现令人不愉悦的异味，高品质生豆更是具有香气的复杂性、层次感和新鲜度，花果蜜香令人愉悦，且同批次香气均匀一致。低品质生豆缺乏迷人香气或香气单一、层次性不足。长时间储存生豆会因氧化作用、湿度影响以及光照下促进光敏性物质分解，致使香气流失，甚至出现霉味、土腥味和脂肪氧化的哈喇味等。

生豆含水量

虽然有经验的烘焙师抓一把生豆掂量一番，再配合目测观察，基本能将含水量猜测个八九不离十，但通过仪器检测含水量依旧不可缺少。含水量更高的咖啡生豆通常需要更多的能量来烘焙，并且它们在烘焙过程中会释放更多的水蒸气。

在植物体内，即使是同一种植物，不同组织和器官的含水量存在显著差异，这主要受到它们的生理功能和成熟阶段的影响。通常，营养器官如植物的叶、茎、根含水量较高，而繁殖器官如植物的种子含水量则较低。这是因为叶片是植物进行光合作用的主要部位，需要保持较高的水分以维持细胞活性和光合作用效率。更由于其较大的表面积和蒸腾作用，含有大量的自由水和结合水。植物根茎的含水量会比叶片低一些，但这也取决于具体的植物种类和生长条件。

繁殖器官如植物种子，在成熟过程中含水量会逐渐降低。这是因为种子在成熟时会进入一种休眠状态，以减少水分蒸发和能量消耗，同时提高其在不利条件下的存活能力。种子的含水量降低也有助于防止微生物的生长和病害的发生。含水量是评价咖啡生豆新鲜程度以及储存状态的一个重要指标。对于我们咖啡烘焙师来说同样至关重要。

对于品质正常的咖啡生豆来说，含水量首先取决于咖啡加工处理环节，其次取决于运输过程和仓储条件。一般来说，8%~12%的含水量对于咖啡豆来说是正常且合适的范围。国际咖啡组织（ICO）推荐生豆含水量为8%~12.5%，精品级别以10%~12%为宜。国际贸易中心（ITC）推荐咖农以11%的生豆含水量为目标。含水量过高，咖啡生豆存在霉变风险，但如果过低，植物组织则开始受损。烘焙师需要知道的是，储存过程中咖啡生豆含水量呈下降的趋势，含水量下降的速度随温度升高而加快，随湿度增加而减慢。此外，生豆储存的温度高，咖啡生豆呼吸作用仍然会保持较为旺盛，生豆中的营养物质会更快地被转化为能量和代谢产物，营养物质的过快消耗会导致咖啡豆的特性风味物质下降，减少呈杯风味潜力和整体品质。因此，咖啡生豆储存非常关键，湿度50%~70%，温度10~20℃，是较为适合储存咖啡生豆的温湿度条件。我们在实践中发现，适宜的温湿度环境固然对于储存生豆至关重要，而温湿度环境的反复波动，对于生豆储存的影响也不容忽视，有些极端条件之下波动本身带来的品质劣化更加严重。

除了含水量外，水活性（Aw，Water Activity）检测越来越重要，一台水活性检测仪也越来越成为生豆商、烘焙师等职业的标配（图7-2）。虽然咖啡

图7-2　用仪器检测生豆水活性

生豆的水活性数值往往与含水量呈正相关，但事无绝对，很多时候测一下生豆水活性，再配合含水量数值，能够看出很多玄机来。我们将在后文中单列一个小节，将含水量与水活性结合起来加以论述。

生豆密度

我们在测量咖啡生豆密度时，不可能采用阿基米德原理将生豆泡在水中计算排开水的质量，而是将生豆填充于玻璃量筒等容器中，忽略掉空隙率等诸多细节，这样计算出来的相应体积质量叫作堆积密度（Bulk Density），通常小于真实密度。作为一名咖啡烘焙师，我们知晓某款咖啡生豆的绝对密度并无特别意义，比较不同咖啡生豆之间的相对密度意义更大些，只有横向比照，才能够更好地掌控烘焙曲线的变化。咖啡生豆密度一般与种植海拔高度呈正相关。

密度越高，代表豆体内纤维结构越紧实，风味物质含量可能越高，往往需要更多的能量去烘焙抑或是匹配更长的烘焙时长。与阿拉比卡相比，罗布斯塔往往密度更高，往往烘焙时长超过阿拉比卡豆也是这个道理。举例来说，如果面前有生豆样品A与样品B，样品A属于密度更高的高海拔硬豆，如哥伦比亚、危地马拉等产地，样品B属于种植于较低海拔地区、密度相对较低的软豆，如巴西产地。那么第一次烘焙打样中，样品A建议采用高温投豆，给予较大的初始热传递推动力，并且在过程中采用较大火力。样品B建议降低投豆温度，初始热传递推动力不要太猛，并且在烘焙过程中相较于样品A适当减小火力。但如上这番操作一定是最佳的策略吗？根据双沙盒模型得知，我们还是需要通过杯测等手段来做感官评估，调整并最终确认SOP。

作者提示　　随着加工处理环节的日新月异，海拔高则密度高的铁律已不再适用。实际测试生豆密度是烘焙师的必选项。

粒径筛选与分析

粒径筛选是一件非常重要但经常被忽视的工作，烘焙师应该养成习惯通过筛网（而不是目测）查看生豆的整体一致性，如果发现差异性较大，建议先做分选处理或者选用慢速烘焙来提高成品一致性。如果发现差异性虽不大，但豆体颗粒尺寸较大，则从豆表向豆心传热距离更长，需要我们用更多的能量来烘焙。如果豆体如瑰夏般又大又长，则无疑暗示我们需要提供更多能量来焙炒，传热通透且包裹性更胜一筹的热风机则可以发挥更大的价值。

除了豆体尺寸大小，咖啡豆的形状也会对烘焙效果产生重要影响。假设有体积都为1的立方体和球体，计算可知表面积分别为6和4.836。虽然表面积大意味着受热面积也相应更大，但球体在烘焙机的滚筒中滚动起来更加顺畅，且从豆表到豆心的距离更加一致，传热节奏如一，因此受热更加均匀且集中，实际烘焙效果更好。咖啡豆中，占比约90%的平豆（FB）形体上更加接近长方体或立方体，占比约10%的圆豆（PB）则更加接近球体。形体优势使得圆豆在滚筒中翻滚更加均匀顺畅，受热一致性与集中度都更好，再加上密度可能也更高些，有时筛选出粒径一致的圆豆进行烘焙，可显著提升烘焙一致性。

在过去多年间，我们举办了大量的咖啡烘焙赛事，让我们有机会学习到成百上千的优秀烘焙策略，其中粒径分选可以说是优胜者使用频率最高的有效策略，而背后的逻辑是一以贯之的：种植、采摘、处理、烘焙、研磨、萃取等每个环节都讲究一致性，只有高度一致性之下呈现高水平，风味指向性才更加突出，香气、酸质、甜度、干净度等才更加美好且清晰。

从含水量到水活性

对于植物种子而言，我们可以基于水与种子中其他成分的结合程度来分作两种形态：自由水与结合水，它们共同构成了种子的总含水量，我们测量的咖啡生豆含水量就是指这个总的含水量（MC，Moisture Content）。

自由水通常存在于细胞间隙和细胞中，未与任何物质结合，或结合度较为松散，可以自由流动，参与细胞内的代谢活动。结合水是与种子的分子结构结合较为紧密的水分，例如被蛋白质、淀粉和纤维素等大分子吸附结合，这部分水更稳定、不易蒸发，通常不参与代谢过程，需要烘焙加热后才蒸发逸出。某些科研场合下会从结合水中再分出一类化学结合水（结晶水），这部分水更深程度地嵌入种子结构中，被化学键束缚，如与某些化合物形成水合物时的水，通常只在较高温度下或通过化学反应才能被脱离而出。我们在探讨咖啡烘焙时就无需如此严谨，分作两大类便于表述。

水活性是一个与自由水密切相关的度量，但并不等同于自由水的具体含量，表示溶液中水分子的活性或可用性，通常表示为一个介于0~1的读数（纯水的水活性数值为1），比如0.49、0.5、0.62等。水活性与含水量在某种程度上是正相关的，因为自由水含量的增加可能会提高水活性。然而，由于水活性受溶质种类和浓度的影响，即使含水量相同，水活性也可能不同。

含水量可以用传统的烘干减重法进行测量，这种方法需要使用恒温烘箱在105℃下对咖啡豆进行持续加热直至重量不再减少，然后根据干燥前后的重量差计算含水量。咖啡烘焙师们使用的含水量检测设备则往往属于电阻式、电容式或微波式水分速测仪，依据种子中水分的电学特性来测定含水量，更加便捷实用。水活性检测则需使用专用设备，通过测量溶液的蒸汽压或电导率等参数来确定水活性。

如果我们将整个烘焙过程当作一个整体来看待，含水量更高的咖啡生豆通常需要更多的能量来烘焙。这是为什么呢？答案与水的比热容较高以及烘焙过程中的热量吸收与传递有关。在咖啡生豆中，较高的含水量意味着需要大量额外的热量来加热和蒸发这些水，并且只有在相当一部分水蒸发后，热量才能更有效地用于加热豆子的其他成分，从而推进与呈杯风味有关的一系列化学反应。对于烘焙师来说，比较不同生豆含水量的差异，是我们微调烘焙曲线的重要依据。换个角度来理解，生豆含水量与水活性也是最终烘焙曲线的塑造者。

继续聊聊水活性

虽然温度、酸碱度等因素也可以影响微生物在产品（食品、药品、化妆品等）中的生长速度，但水活性当仁不让是其中最重要的因素。不同种类的食品即使含水量相同，其腐败变质的难易程度也存在明显差异，而归根结底是因为食品的水活性有差异。水活性决定了微生物生长的可用水的下限，除了影响腐败劣化速度外，在决定食物中酶和维生素活性方面也起到了重要作用，从而对于颜色、味道和香气产生重大影响。与含水量不同，水活性在咖啡烘焙过程中的应用主要体现在以下几个方面。

第一，在咖啡豆的后置加工处理环节，水活性检测可以用于监测咖啡豆的干燥进程，确保其在安全的时间范围内完成干燥，避免微生物生长。此外，生豆的水活性与其内部结构的完整性有关，水活性数值可以用作评估咖啡豆干燥质量的工具。理想情况下，良好的干燥方法应该能够保持咖啡豆细胞结构的完整性，从而保留有助于展现高品质风味的化合物。

第二，水活性数值可以较为准确地预测咖啡生豆的储存稳定性（图7-3）。如果水活性过高，咖啡豆可能会更快地变质；而水活性过低，则可能影响咖啡豆的品质和风味表现。0.45~0.65是大部分当季精品咖啡生豆的水活性区间，而0.53~0.59则是目前更被广泛认可的核心范围，水活性高于0.6的咖啡生豆中的风味物质挥发性更强，可能会造成生豆在储存或运输过程中较快劣化，而对于水活性低于0.4或高于0.7的咖啡生豆更应给予足够警惕。以我个人的实践经验来看，以水活性数值进行生豆采购某种程度上会比单看含水量更加准确有效。

第三，水活性高低与咖啡烘焙的过程也有密切的关系。水活性更高的咖啡生豆会拥有相对更低的玻璃转化温度，这里涉及诸多尚未提及的知识点，我们将在后文中对此展开论述（参见P95~96）。水活性更高的咖啡生豆第一次爆裂开始的"时间－温度"可预测性更强，爆声往往更加清晰且密集。此外，水活性与咖啡烘焙过程中的美拉德反应和焦糖化反应也有关。水活性更高的咖啡生豆在烘焙过程中美拉德反应的速率更快。相

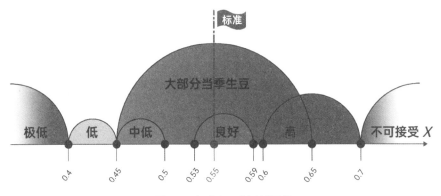

图7-3　咖啡生豆水活性要求

同焙度下不严谨来讲，美拉德反应速度越快，酸甜展现越好，速率越慢，口感越平衡且醇厚。当然，这也会导致在相同的结束"时间－温度"状况之下，水活性更高的咖啡豆最终着色更深一些。

咖啡生豆瑕疵及分类

评价精品咖啡需要同时关注两个环节，一个是通过瑕疵分级检测来对咖啡生豆进行质量评估，另一个则是通过研磨萃取（如杯测）来对咖啡熟豆的风味品质进行评估。

目前精品咖啡领域得到最广泛认可的标准是将典型性的生豆瑕疵按照重要程度分作一级瑕疵（Category 1）与二级瑕疵（Category 2）两类（两个目录），匹配典型特征图片并设有瑕疵咖啡豆数量与完整瑕疵点数之间的换算公式。一款生豆是否能够晋级精品级，很大程度上便要看这一环节了。

一级瑕疵被认为是导致咖啡品质严重劣化、风味拙劣的重要根源，它们往往是在种植、采收、初加工与储存等环节中出了问题，抑或是温度、湿度与时间等要素控制不当，甚至会导致曲霉菌、青霉菌附着繁衍，从而带来污染问题。一级瑕疵会给咖啡带来发酵、恶臭、泥土、苯酚树脂等严重不良风味，甚至影响饮用者健康。精品咖啡生豆评估标准对一级瑕疵持零容忍态度——即不允许样品中存在一级瑕疵中所含类型的哪怕1个完整瑕疵点数（Full Defect）。一级瑕疵共计有6种，具体包括：全黑豆（Full Black）、全酸豆（Full Sour）、干果/豆荚（Dried Cherry）、发霉豆/霉菌豆（Fungus Damaged）、外来异物（Foreign Matter）和严重虫蛀豆（Severe Insect Damage）。其中，全黑豆、全酸豆、干果/豆荚、发霉豆/霉菌豆和外来异物这5项一级瑕疵，350g取样中但凡找出1颗豆子，便等同于1个完整瑕疵点数，从而使本批次咖啡失去了评定精品级咖啡的资格。而对第6项"严重虫蛀豆"的容忍度略高一点，在350g取样中但凡发现5颗豆子，便换算成1个完整瑕疵点数，并失去评定精品级咖啡的资格。

除了Category 1目录罗列的一级瑕疵（严重瑕疵），另有一个Category 2目录，其中罗列并图示了一系列其他典型性瑕疵，统称为二级瑕疵或次要瑕疵。二级瑕疵的出现同样会劣化咖啡风味，但不如一级瑕疵那么严重，甚至有些更多只是对外观品相造成影响。我们同样关注二级瑕疵，但精品咖啡生豆评估标准中对于二级瑕疵的容忍度相对较高，350g样品中不得多于（可以等于）5个二级完整瑕疵点数。根据一套换算公式，用以详细描述每发现多少颗对应的二级瑕疵咖啡豆，可以换算为1个完整二级瑕疵点数。同样属于二级瑕疵，其"严重性"彼此有别，酸豆和黑豆依然属于"重点关注对象"，而只有1~2个小虫眼的轻微虫蛀豆显然十分常见，过于严苛并不利于咖啡种植业健康发展，反而会打消种植者的积极性，所以就"高抬贵手"——每挑选出10颗轻微虫蛀豆才被折算成1个二级完整瑕疵点数。二级瑕疵共计10种，具体有：部分黑豆/半黑豆（Partial Black）、部分酸豆/半酸豆（Partial Sour）、带壳豆（Parchment）、漂浮豆（Floater）、未熟豆（Immature/Unripe）、缩水豆（Withered）、贝壳豆（Shell）、破碎豆/切痕豆（Broken/ Chipped/Cut）、果皮/果壳（Hull/Husk）、轻微虫蛀豆（Slight Insect Damage）。

烘焙师如何选购咖啡生豆

拆开一包生豆来，瑕疵豆总是第一时间映入眼帘，成为影响我们判断乃至决策的"首要依据"。但作为一名烘焙师，我们需要努力克服"第一眼印象"，构建出一整套完整科学的生豆评估方法（图7-4）。

品种基因一定是我们选择生豆首要关注的内容，以瑰夏为例，它是一个庞大的族群，风味"不那么瑰夏"的瑰夏占到了多数，拥有特别惊艳瑰夏风味的瑰夏并不那么多，这么说有点朦胧，但我相信你懂的。咖啡种植生长的纬度海拔与微气候条件是关注的第二项要素，"好地块"种出烂豆子当然也有可能，但在商业化逻辑下并不常见。生豆的加工处理技术是第三大要素，好的处理不仅能够添彩，甚至能给生豆注入灵魂，但在加工处理上毁掉的豆子也比比皆是。生豆运输储存是第四大要素，我见过太多在此环节处置不当而毁掉的好豆子，说出来都是生豆商们的血泪史，就不展开介绍了。田间管理能力排在第五位，不仅拥有好的豆种与地块，还拥有出色的田间管理能力无疑是知名咖啡庄园崛起的重要原因。排在第六位的才是瑕疵豆的问题，这个问题当然很重要，我们需要加以关注，但应该将其放到合理权重的位置。

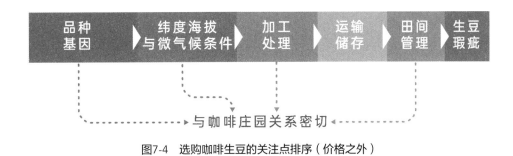

图7-4　选购咖啡生豆的关注点排序（价格之外）

咖啡生豆的储存

生豆储存要从产地环节入手，我们需要尽可能关注到生豆在产地的储存条件、静置状况。一般来说，体感舒适的温度区间是20~22℃，这属于所谓的室温范畴，较为适合作为生豆储存的一般温度。对于绝大多数精品咖啡产地来说，实现如上温区储存生豆并不难，只要再关注到避光与通风，防止啮齿类动物啃食即可，而产地的微气候环境以及空气中的微生物菌群也是静置养豆的最佳场所。

接下来，我们应尽可能向生豆商了解生豆从产地一路到港入库的过程，避免运输途中的纰漏。对于大部分烘焙师来说，烘焙生产场所的生豆储存条件都很有限，我们尽可能储存的只是短期内能够周转用掉的生豆，而将更多的豆子放置或托管在生豆商的恒温恒湿专业大库中，"分批发货，减少库存"是最基本的原则，当然，做好这一点需要与生豆商协商，并有赖于高超且精细化的库存管理能力。

一旦拿到生豆，我们需要第一时间测量含水量、密度与水活性，给接下来的管理工作构建初始数据。以我见过的中小型烘焙工厂、自烘店与工作室来看，安装空调的小型生豆库房通常将温度设置在15~20℃，尽可能恒定如一。有人问："温度能不能设置更低些？"当然可以，不过势必增加日复一日的制冷能源消耗，我们也需要环保和综合性价比。

生豆库房的湿度管理更为重要。湿度太高，容易导致水汽进入生豆包装袋内，生豆内所含水分子的活性也会随之提高，霉变同时也容易发生，从而削弱风味、香气及酸质。湿度过低，则生豆内所含的水分易流失，从而导致风味降低。生豆库房设置湿度为50%~70%，而以60%的相对湿度为最佳。请记住：我们应尽可能将湿度稳定在目标数值，湿度波动带来的伤害更大!

不同的包装对于生豆储存影响很大。精品级咖啡生豆很少使用商业豆的黄麻袋，往往是内层Grain Pro谷物袋加外层黄麻袋，Grain Pro袋对于保证生豆含水量、防潮湿和紫外线、抑制真菌和虫类滋生都有较好的效果。一些价格高昂的庄园级生豆往往会采取抽真空包装，这样储存效果更好些。我们也可以将一些Grain Pro袋中的生豆分作食品级小包装并逐一抽真空保存。至于那些属于金字塔尖、价格贵得令人发指的竞标冠军级生豆，如果一时用不完，可以先真空包装，再酌情放置到 - 24~ - 18℃的冷柜中，这样可以放置较长时间。

作者提示

咖啡豆作为植物种子，其实具备很高的活性也包括酶活性，仍然会进行一定程度的新陈代谢，如呼吸作用等。但此时此刻，任何新陈代谢消耗的都是咖啡豆中有限的营养物质，带来的是呈杯风味的下降。而温度和湿度的控制可以有效减缓这些过程，减缓种子内部物质的分解，只要符合这一逻辑的储存手段都是可以考虑的，我们只需在此原则下考虑储存的成本问题。

第 8 章

三段论：
烘焙程度与烘焙曲线

烘焙过程之我见

　　烘焙一炉豆子的过程宛如走进一座营造精美的中式园林，纵不立文字，但明心见性，一步一景，步移景换，时时有惊喜，处处有不同，想要停步回眸，已然与来时迥异。烘焙一炉豆子的过程又好似欣赏一曲西方歌剧，了解剧本、深谙剧情必然是前提，有了这些基础，再去听剧中的歌曲才能感受到音乐所传达的情感。久而久之，再也不会感到过程冗长乏味了，而会对每一段旋律、每一个乐句，甚至对每一个和弦、每一个伴奏音型都十分敏感，完全沉浸其中，醍醐灌顶。我们以最为普及的滚筒式半热风烘焙机为例，详细描述咖啡生豆入锅直至熟豆出锅的全程。

良好烘焙的起点：预热暖机

　　我们应做好开机后的预热暖机——储能，仓促开烘不可取。没热透会导致烘焙过程中设备与豆子"打架"抢热量，烘焙中的温度陡变常与储能状态有关，烘焙曲线能有提示。设备越大，滚筒最大载量往往越大，储能需求也越多，当然也与合金材料比热容等有关。我习惯使用"小火+小风门"预热储能，徐徐均匀加热以确保滚筒内保留足够热量，温度爬升至目标出锅下豆温，关火，等待温度缓落至目标入豆温，再次加热，这般反复至第3次升温后便可入豆烘焙了。豆温读数结合风温读数是确定热机完成、开始入豆的重要参考指标。安全前提下可用手摸一下滚筒外壁，感受温度来做辅助判断。目标入豆温±3℃是合理的入豆温度范围，如果储热符合预期，稳定的回温点TP将给我们积极反馈。

　　此外，有经验的烘焙师会确定好正式烘焙使用的风门和风压，在不入豆的情况下加热空滚筒，找到一个合适的火力，在该火力下实现热量平衡，温度既不上升也不下降。这样一旦初始热机完成后，可以从容不迫进行后续烘焙操作。

　　除了首次开机的预热暖机外，滚筒式烘焙机的不稳定性要求我们关注良好合理的锅间操作，这样才能确保持续烘焙作业，对于烘焙曲线至关重要。豆子出锅下豆后在冷却盘上冷却，我们同时关火（或用10%的极小火力）并将风门开到足够大，释放出滚筒内过多的热量。待温度低于目标入豆温10~15℃时，冷却盘上的豆子大致已经冷却接近室温，尽快取走留用。我们重新调整火力与风门，只待温度（尤其关注风温）适合就可以开启第二锅入豆烘焙了。不同的烘焙机性能差异较大，读者只需了解操作背后的逻辑，如上这番操作仅供参考。

第一阶段：脱水阶段

烘焙过程的三个阶段如图8-1所示。

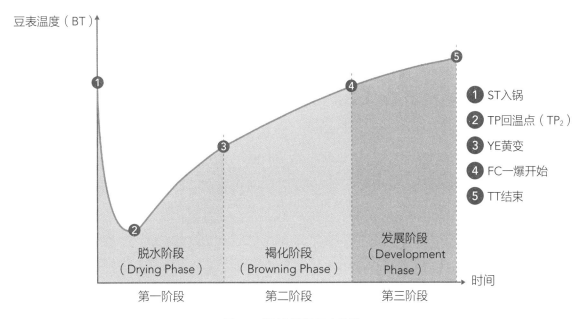

图8-1 烘焙过程的三个阶段

烘焙机完成预热储能后，我们将早已在料斗中准备就绪的生豆导入滚筒，开启计时并将这个时间点确定为ST（Start Time），设置在豆仓内的热电偶探针显示豆温（BT，Bean Temperature）急剧下探，"断崖式"下探过程中的显示温度并无实质意义，只是揭示了滚筒热量在迅速改变。

豆温下探多久将到达第一个转折点TP_1（回温点$_1$）？

TP_1后豆温会稳定在某个温度暂停拉锯多久？1秒？数秒？十几秒？还是更久些？

温度上升前的最后一秒——第二个转折点TP_2（回温点$_2$）何时到来？

结果主要由烘焙机自身硬件特性来决定，如热电偶探针粗细与灵敏度，而滚筒质量、入豆温高低（储热）、入豆量（载量）等因素只有辅助作用，并不起到决定性作用。

TP_2是需要我们更多关注的回温点，我们在本书中将TP_2作为回温点TP进行探讨。很多情况下，TP之后的豆温才逐渐与豆表真实温度接近，数据开始具备真实可参考性。有经验的咖啡烘焙师认为这个时间点才是真正定下了烘焙基调，决定了接下来的烘焙进程和曲线态势，即"赢在起跑线上"。一方面，锁定某条烘焙曲线时，尽量保证每次烘焙作业的回温点一致或接近，这样可以更加稳定可靠地把握烘焙全程。另一方面，遇到外界环境或生豆变化较大时，我们也可以提前布局，主动改变初始热传递推动力从而调整烘焙进程，TP之时豆温变化就是重要的体现。烘焙师的曲线库中应该有好几条"存货"：标准曲线是哪条？哪几条是快烘曲线？哪几条是慢烘曲线？不同烘焙曲线分野之发端便是在此。

TP之后，我们可以通过持续视窗观察（不建议频繁取样），豆表起先一直是生豆的青绿色或黄绿色，水活性足够高时豆表可能会呈现微微泛白迹象，但也仅仅如此。在接下来豆温持续向上攀升的过程中，我们会突然发现极个别豆表出现一抹不明显的黄色，随后黄色越来越多、越来越明显且取代原本的生豆绿色。若干分钟后的某一刻，我们终于可以笃定：滚筒中的生豆整体性呈现出黄色，此时此刻到达了黄点（YE，YELLOW），又称作黄变。

黄变意味着咖啡烘焙过程中最为重要的化学反应之一美拉德反应已经开启，此时豆表温度约为150℃，虽然此时此刻反应烈度并不高，但化学反应终究开始主导烘焙过程：褐化着色的同时，原本干草加热般的香气被甜香取代，叫人满心喜悦。我们将从入豆ST到黄变确定为烘焙过程的第一阶段，水分脱除是第一阶段烘焙升温过程中最为重要且明确发生的改变，第一阶段因此也被称之为"脱水阶段"。

作者提示 美拉德反应发生在还原糖与蛋白质（氨基酸）之间。咖啡烘焙中，因自身结构、溶解度及还原性不同，不同糖类开始美拉德反应的温度不同。果糖在110℃以上开始，葡萄糖在140℃以上，麦芽糖在150℃以上，蔗糖先分解成葡萄糖和果糖，通常在150～160℃开启美拉德反应，乳糖则在160℃以上。这些温度并不精准，实际情况还会受pH、进气量、含水量、反应时间等影响。

玻璃化转变与调整窗口期

　　科学合理的烘焙应用体系多种多样，少数咖啡烘焙应用框架选择将部分豆表开始出现黄色时就提前标记为黄点，我们不妨称之为前黄点（Pre-YE）。但本书则是将整体性明确呈现出黄色（而非绿色、黄绿色或黄绿相间）之时标记为黄变（YE），也可以看作是黄变过程的结束，即后黄点。我们的选择更符合国际精品咖啡烘焙的主流体系，也更加便于观测和开展数据化烘焙，更与工业化烘焙实践相契合。

　　从前黄点直至后黄点的发展代表了黄变是一个过程，并非一蹴而就，除了美拉德反应开启外，烘焙师也应关注到咖啡豆体的态变，玻璃化转变正是在这一过程中发生。虽然"玻璃化转变"这一词汇用在这里并不准确，但食品科学中往往会借用高分子物理中的术语来讨论食品中无定形成分（水、多糖、蛋白质、脂肪等混合物）的相变行为，它们在某些方面与非晶态聚合物类似，特别是在涉及水分和温度对物理性质影响时。

作者提示　　高分子材料也称为聚合物或高聚物，往往是一类由大量重复单元（单体）通过共价键连接而成的大分子化合物，如聚乙烯、橡胶、合成纤维等。咖啡生豆是植物种子，主要成分与结构都与高分子材料有本质区别，并不属于聚合物材料范畴。但在食品科学中会借用高分子物理中的术语来讨论，虽然其实描述的是食品中无定形成分的相变行为，尽管这些成分组合不是严格意义上的高分子聚合物，但它们的行为在某些方面与非晶态聚合物类似，特别是在涉及水分和温度对物理性质影响时，这种拓展为理解食品稳定性与质地提供了便利的工具。

　　当温度相对较低时，非晶态聚合物的分子热运动能量很低，聚合物长链中的分子以随机方式呈现为冻结状态，我们称之为玻璃态。当温度上升到一定程度时，分子的链段运动受到激发，聚合物变得黏软柔韧，这种状态我们称之为橡胶态。从玻璃态到橡胶态之间这个相互可逆转化的温度就叫作玻璃化转变温度或玻璃转化温度（Glass Transition Temperature），标注为T_g，这一转变过程叫作玻璃化转变，其本质是高分子运动形式改变在宏观上的表现。

咖啡豆是一种复杂多组分系统，其中一些成分混合体（如糖、蛋白质、脂肪等）可以形成无定形结构，因此随着温度变化表现出玻璃化转变，而这一改变过程发生在黄变时。

第一，在较低的温度下，分子运动非常有限，材料呈现为硬而脆的玻璃态——豆体坚硬且具有脆性。而温度升高使这些分子获得更多能量，从而增加运动性，使物质变得相对柔软和有弹性，进入所谓的"橡胶态"——原本生豆表开始具有一定的软度，密度迅速下降，热量也更便于传导。

第二，从豆表到豆心，随着由表及里的传热，玻璃化转变也是一个过程。在传导热占比过高的烘焙模式下，烘焙师需要关注黄变开始之初豆表含水量，如果此时豆表脱水太猛，那么可能会给接下来向豆心传热带来困扰，减火、收小风门、控制住升温率就是比较合理的处置手段。

回到实操层面，烘焙过程中迎来黄变对于烘焙师来说有何意义呢？

不同豆子、不同烘焙机会有不同的处理手段。静观其变、不变应万变也是一种方法。如果烘焙传热节奏适宜，热传递实时数值符合预期，我们为何非要介入动作呢？"做多错多，稳定为先"的准则被很多成熟烘焙师奉为圭臬。

但也应知晓，此时此刻确实是不错的调整窗口期，可以达到"四两拨千斤"之效。催火增加热传递的推动力，抑或是减火减少热传递的推动力都可以因需而为。前者多应用于较为传统的偏直火滚筒的烘焙，便于传导热的施加。后者则多应用于当下更为流行的精品咖啡追求花果酸香的大风大火模式下，则是为了控制传热节奏。

第二阶段：褐化阶段（美拉德阶段）

从黄变开始，咖啡烘焙过程进入第二阶段。豆表颜色开启由黄色逐渐加深的过程：黄色，深黄色，浅褐色，中褐色……属于非酶褐变反应类型的美拉德反应是导致颜色逐渐加深的主因，我们因此将本阶段称为褐化阶段，或索性就叫作美拉德阶段。

不同于第一阶段的大转折，褐化阶段是一个单调枯燥、持续的升温过程，若干分钟后我们终于听到了零星的爆裂声，静气耐心等待，不久之后终于迎来了清晰且较为连续的多个爆裂声，此时代表着至关重要的第一次爆裂开启，应及时标注为FC（First

Crack，第一次爆裂，多数时简称为一爆）开始。从黄变直至一爆开始就是第二阶段的全程，也是三阶段中承前启后、彼此衔接的重要阶段。

第一次爆裂

水分（尤其是自由水）加热后体积膨胀却被咖啡豆体封锁不得出，会导致豆内压不断积累攀升。但与此同时，一系列的热传递也在由表及里不断冲击着豆体，就犹如围绕一座古代城池的鏖战：城内骚乱不断加剧，而敌军在外不断攻打。有时烘焙进入一爆时，我会情不自禁联想到1453年君士坦丁堡攻城战、安史之乱时张巡领导的睢阳守城战等等，思绪翻飞，不知是否有烘焙师读者能与我共情？内外交困之时，临界点终于来临：城墙轰然倒塌，也即是豆体膨胀破裂，水蒸气顺隙宣泄而出，这就是第一次爆裂（一爆）的主因。

如何判断一爆

在样品烘焙实践中，我们经常借助聆听来判断一爆来临或发展进展。一方面，含水量（尤其是自由水）与一爆关系密切，含水量更高的生豆一爆开始的温度更加稳定明确，一爆全过程更加集中且清晰，即可预测性更强。反之则一爆更加稀疏、离散、声响小且不可辨别。另一方面，触及一爆时我们给予的能量高低，即RoR也与一爆是否剧烈清晰关系密切。不同烘焙曲线下的一爆状态大有不同。

每一锅烘焙曲线必须记录一爆开始，但这并不意味着每一次都要考验听力。事实上，大量烘焙场景是受限的，可能因为豆子或烘焙曲线缘故一爆并不清晰，可能烘焙师无法守在一旁侧耳倾听，也可能环境嘈杂又没有监听耳机导致无法听得真切。那么怎么办呢？其实有经验的烘焙师会在到了"应该"一爆温度时直接点击记录FC，却并不一定依靠聆听，这源自过往在同一台设备上基于"标准豆"的烘焙经验。

我们不妨将新产季高海拔水洗精品级阿拉比卡确定为"标准豆"，这类豆子一般含水量与密度偏高、水活性稳定，从哥伦比亚到肯尼亚，从云南到巴布亚新几内亚，这类豆子是精品咖啡生豆的主力军，随处可寻。经验丰富的烘焙师凭借对烘焙机特性的准确把握，从"标准豆"烘焙入手，多次实践后就能直接将一爆开始"标注"出来，看似不甚严谨，实则非常可靠，是稳定商业化烘焙生产的合理策略。

> **作者提示**
>
> 如何使用"标准豆"在某台烘焙机上"标注"出一爆开始的大致温度？多次烘焙实践少不了，凝神倾听必不可少。再辅以测粉值、计算失重率、估算膨胀率、杯测评估等手段，将其明确下来并不难。针对同一台烘焙设备，如果使用常规烘焙曲线来烘焙应对"标准豆"，是根本不需要通过聆听判断一爆的，只要温度到达，直接标注"FC开始"即可。甚至可以提前在Artisan等烘焙记录软件中设置好，让程序自动记录一爆开始。

如果我们将上述的"常规曲线+标准豆"视为"标准"，变化主要存在两方面。一方面，豆种、种植海拔高度、成熟周期、处理法等诸多因素会导致不同生豆彼此间存在差异性（如生豆密度高低等），常规烘焙曲线应对之下，一爆温度也可能会提前或后延1~2℃。另一方面，烘焙曲线的微调虽不会导致一爆的变化，但如果调整幅度剧烈则需倍加小心：过快烘焙会导致一爆提前些许到来，烘得太慢则反之。这是由于热传递进程、导热均匀性、豆内水蒸气压力变化、化学反应速度改变等诸多因素发生了显著变化而导致。

面对不同的烘焙设备则情况大有不同。哪怕同一款豆子、相同的烘焙传热节奏，开始一爆的豆温显示也可能出现差异，如富士会低到186℃，泰焕、Giesen W6A大概为193℃，HB M6E一般在192℃，三豆客R500Master则在189℃左右。不难看出，横向对比设计烘焙策略更多是基于同一台烘焙机才准确有效。一旦更换了烘焙机，虽然有经验的烘焙师上手并不难，但并不能将过去烘焙设备上的全部数据照搬过来，"复制曲线"很大程度并不可靠，"从零开始"才是最佳选择。

第三阶段：发展阶段

从第一次爆裂开始，咖啡烘焙进入高潮，密集的褐变化学反应导致色泽迅速加深，咖啡呈杯风味以秒为单位发生着急剧变化，可以说"一瞬一世界，刹那展芳华"。虽然我们会对这一阶段进行诸多维度的细分研究，但并不妨碍先整体看待，将最后结束烘焙、出锅下豆的时刻设定为结束（TT，Total Time），有时也直接叫作"End"。从FC开始直至TT就是我们所说的第三阶段——发展阶段，这一段经历的时长叫作发展时长（DT，Development Time）。

在全球精品咖啡浪潮席卷之下，花果酸香甜成了越来越多人的呈杯风味诉求，第一次爆裂的完整发展过程被越来越多烘焙师圈定为"主战场"。圈内很多新生代烘焙师被冠以"浅烘佬"或"深烘佬"的"雅称"，但如果将他们的作品拿来研究一番，其实焙度并未脱离"主战场"，可见精细化研究第一次爆裂全程意义重大。我们可以通过一爆开始、一爆密集、一爆尾端与一爆结束将第一次爆裂的全过程加以拆解，并用山丘图来形象展示。结合不同的咖啡豆、烘焙设备以及烘焙曲线，上山与下山途中的每一个点都蕴藏着无穷无尽的风味奥秘，令人心驰神往。

第一次爆裂完成后，"宣泄"之后的咖啡豆又开始了安安静静地蓄能，烘焙师称之为"沉寂期"，焙度上也由"浅焙"进入到"中焙"。如此沉寂1~2分钟后，我们又将听到爆声，从零星到连续，再到密集，直至不那么密集和最终的结束，这就是第二次爆裂（SC，Second Crack，多数时简称为二爆）。我们同样可以通过二爆开始、二爆密集、二爆尾端与二爆结束将第二次爆裂的全过程加以拆解，并用山丘图来形象展示，我们将这一阶段统称为"深焙"。等到第二次爆裂彻底结束，咖啡豆碳化，便彻底失去了我们认为属于咖啡的典型风味与成分物质。

二爆与一爆的差异不难观察：一爆声音更加清脆，好似发生于豆体表面或较浅处，二爆声音更加细密，似乎来自豆体更深处。结论与观察基本一致，咖啡烘焙中的第二次爆裂是构成咖啡豆细胞壁结构的彻底分解，一系列高温下的脱羧反应使得多糖物质中的碳原子氧化变成二氧化碳释放。徐克导演的电影《蜀山传》结尾处有个非常经典且唯美的画面：张柏芝饰演的孤月仙子犹如瓷器般破碎，化为漫天星辰，这便与第二次爆裂本质一般——咖啡豆体本身的热分解。

第二次爆裂全程代表的"深度烘焙"虽为精品咖啡"嗜酸一族"们不喜，但却是更加传统的咖啡焙度选择，是更具大众市场商业价值的焙度。大型商业连锁咖啡店里用来制作意式浓缩或调制奶咖的咖啡豆往往都是深焙的，是出于如下诸多因素的综合考量：全自动设备研磨与萃取的稳定性、与奶制品的风味结合度、大众消费者的感官诉求、深焙咖啡豆的萃取率及浓度适配、适度苦味带来的成瘾性等。

作者提示　内啡肽是一类由脑垂体和中枢神经系统产生的内源性化学物质，具有类似于阿片类药物的作用，能够缓解疼痛并产生愉悦感。一些科学研究认为，某些味觉刺激（包括苦味）可能通过复杂的神经通路影响内啡肽的释放。适度的苦味可能通过刺激这些通路，间接促进内啡肽的释放，从而增强愉悦感。除此以外，美好的苦味食物和饮料如巧克力、咖啡、啤酒等，常常与愉悦的社交活动或个人享受时刻相关联，这种心理上的愉悦体验可能与生理上的内啡肽释放相结合，还能进一步增强整体的愉悦感受。

烘焙程度三分法

通过烘焙色值来定量化描述烘焙程度显然更加科学且精准，但在大众消费者看来并不那么友好，我们也确实需要对于不同烘焙程度的咖啡熟豆进行合理的分类。人类习惯于将事物分成三大类，这是因为三分法不仅提供了一种简单而有效的方式来组织和理解复杂信息，是认知简化的有效途径，还给人以一种平衡和完整的感觉，符合心理学认知和思维模式。

三分法是将咖啡熟豆分作三大焙度：浅焙、中焙与深焙（图8-2）。浅焙描述一爆全程中出锅下豆的咖啡熟豆，深焙描述二爆全程中出锅下豆的咖啡熟豆，中焙则是介于两者之间的焙度。通常来说，浅焙的豆子酸香明显，花果类香气较为突出，但也可能风味丰富性、层次感与复杂性不够，略显空洞，余韵短促。中焙的豆子强调平衡二字，酸、香、甜、苦、醇相得益彰，风味平衡，奶油、坚果、巧克力类香气较为明显。深焙的豆子则低酸苦重，再一次失去了风味上的平衡感，有时能呈现出树脂、辛香料等迷人风味。

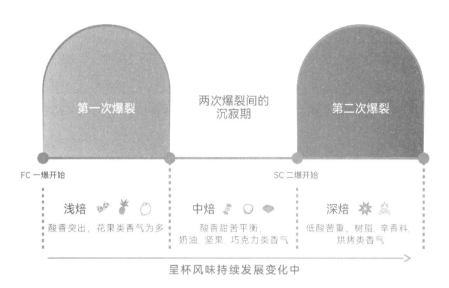

图8-2　最为常见的三焙度分类法

烘焙程度四分法

与三分法类似，四分法的使用也可以归因于文化认知、心理学和思维模式等多方面的因素，提供了一种更为细致的分类方式，提供了一个更为全面的视角，适用于需要更高分辨率的分析场景。

在四大焙度分类中，浅焙与中焙没有变化，浅焙是那些追求花果酸香甜的风味型豆子的主阵地，中焙则更多匹配那些醇厚平衡型的豆子。如果更多考虑咖啡熟豆的使用场景和研磨萃取环节，我们常常会将深焙分成中深焙与深焙两个焙度，山丘图上对应二爆阶段的"上山"与"下山"，前者多用于制作意式咖啡，哪怕在精品咖啡时代也多有触及，后者则在精品咖啡浪潮之下应用较少，既可用于制作传统意式咖啡，也可以满足那些重口老饕们对于深焙的特殊风味需求。

为了进一步匹配某些场景需求，我们还可以在四焙度基础上将每个焙度一分为二，得到一个八焙度的精细化模型，这个烘焙程度分类模型在精品咖啡烘焙领域应用十分广泛。文前彩图8-1显示了较为常见的四焙度和八焙度分类法，以及风味发展与可能的出锅下豆时机。

烘焙程度与烘焙色值

虽然三大焙度与四大焙度的分类描述清晰明确，但全世界的咖啡烘焙师和咖啡企业却各有一套自己的标准或独立认知。每家企业、每个人心目中的"浅焙""中焙"和"深焙"都各不相同，哪怕是那些规模庞大、市占率颇高的连锁品牌也相去甚远。想要让大家统一谈何容易？于是，建立一套统一标准，定量化描述烘焙度具有非常实际的意义，这便是第10章节将要详细讲解的烘焙色值。

在咖啡烘焙中，美国食品药品检测仪器公司Agtron Inc. 于1996年研发生产的Agtron Coffee Roast Analyzer（艾格壮咖啡烘焙分析仪，简称Agtron或艾格壮）具有跨时代意义，Agtron色值（中文可译作艾格壮色值）认可度与普及率最广，渐已成为精品咖啡烘焙的全球色值标准。此外，还有Probat的Colorette、Fresh Roast的Color Track，以及日本应用较多的L值等色值标准也可用于评估咖啡豆的烘焙程度。

烘焙曲线与RoR

很多生豆商朋友向我抱怨，爱好者烘焙师越来越多，买的豆子不多，要求却越来越多。有时候买1kg生豆还要索取"冠军烘焙曲线"，着实是"难伺候"。听到这类抱怨，我只能一笑了之，我们所处的"咖啡极客时代"便是如此：越来越多喝咖啡者开始自己做咖啡，越来越多做咖啡者开始自己烘咖啡，甚至越来越多爱好者开始关注田间地头的咖啡故事……烘焙曲线是我们应对一款豆子实现理想呈杯风味的策略，自然是重要至极。但与此同时，我们也应对烘焙曲线"祛魅"，搞清楚我们真正要什么，搞清楚一条烘焙曲线中哪些是真正重要的，哪些则是无须在意的细节。

微积分的三大核心问题恰恰是我们烘焙师的关注点：第一，已知一条曲线求各处斜率的正向问题；第二，已知一条曲线各处斜率求曲线的反向问题；第三，已知一条曲线求下方面积的问题。但我们可以进一步简化数学模型，研究曲线的几何和代数性质时应考虑：定义域和值域、函数表达式、斜率（曲率）、拐点和极值点、凹凸性和单调性、交点和特殊点。咖啡烘焙的诸多曲线中，豆温与风温两条曲线最为重要，这其中又建议以豆温为研究的入门切入点，抓住曲线上的关键点和关键点的斜率，就算是将这条烘焙曲线"基本拿捏"。

豆温（BT）曲线上最为重要的五个点是：入豆（ST）、回温（TP）、黄变（YE）、一爆（FC）、结束（TT）。这也是我们最少必须要精准记录的，没有它们，烘焙曲线将不复存在。在此基础上，记录的点越多，曲线越精准。这里面既包括前黄点（Pre-YE）、一爆结束（FC-End）、二爆开始（SC）等具有特定意义的点，也可以包括每个整分钟留下的一条记录。

从热传递的角度来说，我们不仅需要知道这些点的具体坐标（时间及温度），还要知道此时此刻实际的热传递进程快慢——极小的单位时间片段内究竟升温多少，这便是升温率（RoR，Rate Of Rise），也称升温斜率，运用在豆温曲线上又称作"豆温升"，运用在风温曲线上又称作"风温升"。

分析咖啡烘焙曲线本质是将数学工具与物理概念结合加以探讨。从数学角度理解，斜率是分析曲线形态的最基本工具，曲线上每个点的斜率是曲线的切线与水平轴之间夹角的正切值，描述了曲线在某一点的瞬时变化率，确定了曲线的单调性（增减性）——正斜率表示曲线在该点上升，负斜率表示下降，零斜率表示水平。从咖啡烘焙传热角度理解，热量更多与烘焙机有关联，反映了烘焙机提供给咖啡豆的能量，通常以千焦耳（kJ）或英制热量单位（BTU）为单位，温度更多与咖啡豆有关联，反映了咖啡豆在某一时刻的热能状态，以摄氏度或华氏度为单位。将两者结合，升温率可以描绘出单位时间内能量传递的量，是豆温探针温度上升或下降速率（快慢）的度量值。

在烘焙中，为了便于描述和比较，我们将升温率确定为每分钟的实际温度变化值（图8-3），用这个数值来体现实际传热速度。如果说升温率代表传热的结果，调节火力、改变风门（风压）和滚筒转速等操作只能算是为了获得传热结果所采取的可选动作。"复制曲线"对于烘焙师来说，复制的应该是结果，而不是动作本身。

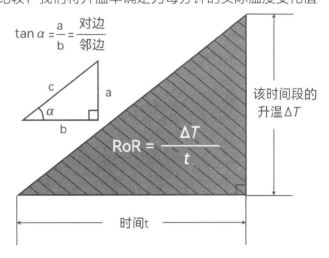

图8-3　升温率用以描述每分钟的实际温度变化值

作者
提示

　　一方面，不关注实际RoR而去盲目复制一些动作，是非常可笑的"照猫画虎"行为，显然并没理解烘焙传热的本质。另一方面，烘焙过程中通过研究和预判RoR才是决定我们是否要实施一些操作的唯一依据。我们在小咖侠微信小程序（图8-4）中设计或记录极简烘焙曲线时，只需记录豆温与风温，程序会自动计算每一阶段的RoR均值，至于火力和风门如何调节并不是我们关注的重点，可以将其忽略。

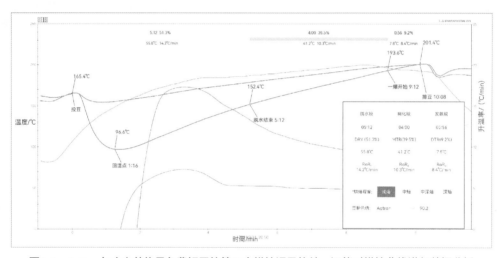

图8-4　Artisan与小咖侠均是免费好用的第三方烘焙记录软件，还能对烘焙曲线进行数据分析

第 9 章

咖啡烘焙中的
物理化学变化

咖啡烘焙中的物理变化

咖啡烘焙过程中发生了一系列复杂的物理变化。所谓物理变化，指的是物质在形态、形状、体积、密度、温度、压力等方面发生变化，但不涉及化学键的断裂或形成，化学性质并没改变，也没有新物质生成。

咖啡生豆经历烘焙变成熟豆将减重10%~20%，烘焙越深，失重越多（图9-1）。失重率-10%常对应于一爆开始，失重率-20%则往往对应于二爆结束，标准中焙的失重率在-15%上下，如上数据谈不上精准，但是对于我们建立基本认知、开展数据化烘焙实操却有帮助。

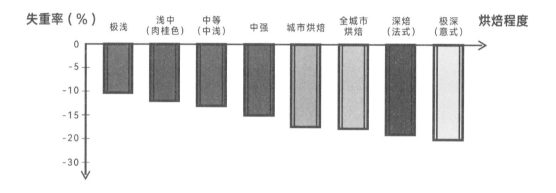

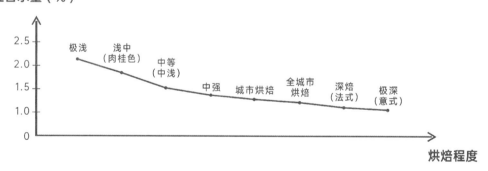

图9-1　不同烘焙度咖啡豆的失重率和含水量变化图

咖啡烘焙过程中的失重主要失去的是什么？答案毫无疑问是水，含水量下降是咖啡烘焙失重的主要原因。写书至此，我随机挑选了手头一款新产季云南保山高海拔水洗铁皮卡生豆来做测试，利用Sinar测得生豆含水量为10.9%。然后又分别烘焙两锅，一锅浅焙，一锅深焙，再分别测得含水量为2.11%、1.35%。由此可知：第一，含水量的减少是伴随着烘焙全程持续进行的，哪怕是焙度很深的咖啡熟豆，豆体内依然含有水分。第二，我们将入豆进锅后的第一阶段命名为脱水阶段，只是因为脱水是该阶段最为凸显的变化，由此给予命名，但并不意味着接下来的两个阶段里不存在脱水。

烘焙过程会释放大量二氧化碳，碳元素变成二氧化碳是造成烘焙失重的第二大原因。为什么会这样呢？在咖啡豆的烘焙过程中，复杂的化学反应会导致有机酸和其他化合物发生脱羧反应（Decarboxylation），羧基（—COOH）被移除并释放出二氧化碳。此外斯特勒克降解反应、美拉德反应与焦糖化反应的中间产物也都会释放出二氧化碳。也有很多芳香有机物在烘焙中随之逸散，我们可以将二氧化碳看作这些芳香物质的溶剂。

一连烘上好几锅豆子，我们再打开集尘器查看，便能看到积累了厚厚一大堆的银皮杂物，但其实这些看上去体积不小的银皮损耗在烘焙失重中只是非常小的占比。除了银皮碎屑外，一氧化碳、烃类化合物等也都是烘焙失重的原因，但在整体占比中几乎可以忽略不计。

咖啡生豆经历烘焙变成熟豆体积将膨胀30%~100%，烘焙越深，膨胀率越大。膨胀率30%常对应于一爆刚开始，膨胀率100%则往往对应于二爆结束，标准中焙的膨胀率在55%左右，如上这些数据同样不精准，甚至还不如失重率准确，生豆、烘焙机与烘焙曲线等都可能导致偏差，但是对于我们开展数据化烘焙实操也有帮助，设计选购熟豆包材时可以用来参考。

咖啡生豆经历烘焙变成熟豆将导致密度显著下降，生豆原本坚硬的质地将变得松脆，焙度越深，越是松脆。扫描电子显微镜（SEM）可以利用二次电子信号成像来观察样品表面形态，我们能够看到熟豆表面呈现出明显的海绵、蜂窝巢、活性炭特征。由此我们得到以下三个结论。

第一，相较于生豆，熟豆更难保存，绝大部分保存手段只是适当延长赏味期，新鲜烘焙后尽快使用才是上策。

第二，不同焙度下豆体质地差异很大，经常研磨坚硬的浅焙豆子会极大加速刀盘磨损，需要更加及时地保养或更换。

第三，失重与膨胀势必导致密度下降，但究竟下降多少呢？针对同款豆子相近似焙度而言，熟豆密度与赏味期有一定关系：赏味期短意味着风味的爆发力强，适合短期内品鉴，但后劲难免不足；赏味期长意味着短期内不会绽放太多精彩，但后劲悠长，可以持续鉴赏。烘焙师可以在实践中将此纳入考量中，并通过烘焙曲线来进行微调。

从数据化烘焙的视角来看，颜色逐渐加深是最为重要的物理变化之一。这是因为，导致咖啡烘焙颜色加深的是一系列非酶褐变反应，所谓非酶褐变反应是指在没有酶参与的情况下，食品中的羰基化合物（如还原糖、脂质、醛、酮等）与氨基化合物（如氨基酸、肽、蛋白质等）之间发生的一系列复杂的化学反应，美拉德反应和焦糖化作用都属于这一类型。而它们除了会导致食品颜色变深，还会改变风味，这使得颜色加深与风味改变之间建立了有效关联。正是基于这一点，我们将烘焙程度定量化，构建了咖啡烘焙世界的一套标准化语言——烘焙色值，下一章我们将对此详细展开论述。

作者提示　咖啡烘焙导致颜色加深主要涉及三类化学反应：美拉德反应、焦糖化反应和氧化反应。在褐化反应过程中，美拉德反应和焦糖化反应的产物还可能发生氧化反应生成大分子，从而提高产物的着色力，反应结果是生成黑褐色树脂状的高分子化合物类黑素（Melanoidin）。这也进一步使得进入烘焙第三阶段的咖啡着色时间会以秒为单位快速推进。

咖啡烘焙中的化学变化

咖啡烘焙过程中随着温度升高，发生了热解、氧化、还原、水解、聚合和脱羧等一系列复杂的化学反应。研究化学变化通常需要关注反应物、生成物、反应条件、反应机理、热力学与动力学分析、环境与安全等，这些对于高级咖啡烘焙师的知识储备提出了很高要求。

化学变化通常伴随着能量的变化，可能是放热或吸热。我们可以用此视角分析咖啡烘焙，在烘焙过程中关注温度变化尤其是RoR的变化，提前预判并操作。

第一次爆裂开始前的两个阶段主要是吸热过程，吸收的热量主要用于水分蒸发和豆子内部温度的升高。

第一次爆裂是一个复杂的过程，涉及大量的化学反应，其中既有吸热，也包括放热，整体表现为放热。其中最好理解的是水蒸气等气体脱体而出，导致热量的宣泄释放。再比如说，美拉德反应本身是一个放热反应，但它通常需要外部热源来启动和维持，需要热量来驱动氨基酸和还原糖之间的反应，即反应需要克服一定的能量障碍。

第一次爆裂后的沉寂期，既有吸热，也包括放热，吸热大过放热，整体表现为吸热。

第二次爆裂也是一个复杂的过程，发生在更高的温度下，其中虽也有吸热，但涉及更多的放热反应，整体表现为放热。其中最好理解的是二氧化碳等气体脱体而出，会导致热量的宣泄释放。再比如说，构成咖啡豆内部结构的多糖化合物如纤维素、木质素等开始分解，这些热解反应通常是放热的。

生豆中的风味前体物质

由于一系列复杂化学变化的存在，这使得烘焙前的生豆与烘焙后的熟豆截然不同。研究咖啡烘焙，势必要从了解生豆中风味前体（前驱）物质成分入手。我们来看较高品质的阿拉比卡种咖啡生豆，多糖类物质占比往往达到或超过了50%，另外还有不足10%的低聚糖，这其中就包括蔗糖。它们的大量存在奠定了咖啡呈杯风味的基础：酸、香、甜、醇、苦。

蛋白质大约占10%，它们能够与还原糖发生美拉德反应，呈杯风味中的香、甜、醇、苦都与它密切相关。

阿拉比卡咖啡生豆中平均脂类含量15%左右，大部分储存在胚乳中。脂类物质虽然占比不多，但却不可或缺，大量脂溶性芳香物质因为脂类存在而被我们感知，是香气与口感的重要功臣。这些脂类物质大多以甘油三酯（Triglyceride）形式存在，少量为游离脂肪酸（Free Fatty Acids）。它们一方面是咖啡风味的载体，另一方面也是劣化的罪魁祸首之一 ——它们被氧化后产生明显的负面风味。而脂类的分解活动在生豆的储存过程中持续存在，越陈放的咖啡生豆中测得的游离脂肪酸含量越高，相应的烘焙后熟豆氧化负面风味越是明显。

有机酸的含量达到或超过10%，其中以绿原酸为主，阿拉比卡种咖啡生豆中绿原酸占比为5%~8%，另包括少许苹果酸、柠檬酸、醋酸、磷酸等（总和约占2%）。作为生豆中有机酸含量的"扛把子"，绿原酸（CGA，Chlorogenic Acid）是一种重要的具有抗氧化特性的酚类化合物，本身微酸、微苦、涩，或有金属感，烘焙后更是咖啡呈杯风味中酸、苦、涩的重要来源。

矿物质的含量大约4%，主要来自土壤，由植物根系吸收所得。

生物碱的含量大约2%，其中主要是咖啡因和葫芦巴碱。咖啡因是一种天然存在的生物碱化合物，广泛存在于咖啡豆、茶叶、可可豆和瓜拉纳等植物中，是世界上最常见的兴奋剂之一，更因咖啡而得名。咖啡因主要通过抑制腺苷受体的作用来发挥其生理效应，从而提高中枢神经系统的兴奋性，增加多巴胺的释放，增加警觉性和注意力，减少疲劳感。此外，咖啡因具有利尿作用，能够促进尿液生成。咖啡因是一种水溶性的白色结晶性粉末，微苦，是黑咖啡呈现苦味的次要因素。咖啡因的熔点约为238℃，是一种相对稳定的化合物，在咖啡豆的烘焙过程中（不论什么焙度）不会显著分解或损失。但有两种实际情况需要考虑到：第一，随着烘焙程度加深，咖啡豆的失重在增加，这会导致深焙咖啡因含量略高于浅焙；第二，咖啡烘焙过程中，会有极微量咖啡因随着热风逸散流失，只是大部分情况下可以忽略不计。

咖啡因、葫芦巴碱、绿原酸、多糖、类黄酮、酯类、二萜以及类黑素等都属于咖啡中的主要生物活性物质，它们结合在一起实现了咖啡的健康功效：对神经系统的保护、免疫系统的调节以及菌群结构的改善等。人们对于咖啡中含量仅次于咖啡因的另一大类生物碱——葫芦巴碱（TRG，Trigonelline）谈论较少，其在咖啡和葫芦巴种子中含量较高，研究发现葫芦巴碱具有抗炎和抗氧化的作用，对许多器官和组织具有多种有益作用。它可以调节糖脂代谢，帮助神经系统从异常中恢复，如神经退行性疾病、缺血性脑损伤、抑郁症、认知障碍和糖尿病周围神经病变，缓解糖尿病及其并发症相关的疾病，保护心血管系统、肝脏、肺、肾脏、胃系统和皮肤，抑制肿瘤细胞的增殖和迁移。葫芦巴碱是一种白色结晶性粉末，有甘苦味，在烘焙过程中，有助于提升烘焙咖啡豆和冲煮咖啡的香气。最近，*Nature*子刊*Nature Metabolism*上的一项研究成果提及了葫芦巴碱在抗衰老领域的巨大潜力，给健康价值满满的咖啡又增添了光环。

美拉德反应

在人类文明发展中厥功至伟的美拉德反应（Maillard Reaction）也常被称作梅纳反应，它是食品科学中一种非常重要的非酶促褐变反应。美拉德反应最早由法国化学家路易斯·卡米拉·美拉德（Louis Camille Maillard）于1912年首次描述反应现象，1953年被正式命名，至今科学家还在研究其中的奥秘。

自打人类告别了茹毛饮血，开始用明火烹饪，美拉德反应就如影伴随，发生在含有羰基化合物（还原糖）与氨基化合物（氨基酸和蛋白质）的食品加热过程中。美拉德反应对食品的风味、色泽和营养价值都有重要影响。在咖啡烘焙中，美拉德反应直接影响风味的方方面面，被誉为创造咖啡呈杯风味的"第一功臣"。

美拉德反应过程十分复杂，首先是从氨基酸与还原糖发生缩合反应形成不稳定的糖胺开始，在咖啡烘焙中，当温度达到140~150℃时，反应缓慢开启，能够观察到咖啡豆明显呈现黄色且甜香浮现，随后经历重排、分解、聚合等几个阶段，反应随着温度上升而加速，产生大量风味物质，最终产物是大分子物质蛋白黑素等美拉德棕色素。

美拉德反应受多种因素影响。从pH看，碱性环境有利于反应进行，理论上可以将烘焙前的生豆短暂浸泡在酸性或碱性水中，或者烘焙中适当添加其他物质，从而抑制或促进美拉德反应，不过这些在精品咖啡烘焙中都不会涉及。从含水量看，适度的水分有利于反应，但过多或过少都会抑制反应，恰到好处的前期脱水显然对于促进美拉德反应起到积极作用。从温度看，反应速率随温度升高而加快。从时间看，较长反应时间会带来更多美拉德反应。一般来说，缩短美拉德反应会保留更多原始的酶催化风味物质，得到更轻盈的口感和明亮的调性，浅焙时花果酸香突出便是这个原因。拉长美拉德反应会给咖啡带来更厚重的口感和更加复杂和深沉的风味调性。

美拉德反应产生了咖啡中大部分的复杂风味化合物，与咖啡呈杯风味中的香气、酸味、甜味、苦味、醇厚度、余韵等方方面面都有关系，这些化合物包括吡嗪类（坚果味）、呋喃类（焦糖味）、噻唑类（烘烤味）等。此外，美拉德反应产生的某些化合物具有抗氧化性，不仅对于健康有益，还会适当延长咖啡的保质期。

焦糖化反应

有人说咖啡烘焙主要是研究"二人转"，除了美拉德反应外，另一个主角就是焦糖化反应（Caramelization）。焦糖化反应是食品加工中另一种非常重要的非酶促褐变反应，它同样在咖啡烘焙中扮演着至关重要的角色，赋予了食物独特的颜色、风味和香气。

与美拉德反应不同，焦糖化主要涉及糖类在高温下的分解和聚合，不需要氨基酸的参与，而是纯粹的糖类反应。正是因为焦糖化反应会直接导致咖啡豆中糖含量降低，因此会与美拉德反应"抢糖"，影响美拉德反应速率，两者之间的"纠缠"共同塑造了咖啡主体风味。

不同糖类物质因其化学结构和热稳定性不同，焦糖化反应起始温度有所不同，果糖（Fructose）是最容易焦糖化的糖类物质，较低的温度下即可开始反应。葡萄糖（Glucose）需要更高些的温度才能开始焦糖化，蔗糖（Sucrose）属于二糖，需要先分解为葡萄糖和果糖后才会开始焦糖化，麦芽糖（Maltose）的焦糖化温度相对更高一些。在咖啡烘焙过程中，我们一般认为焦糖化反应通常在豆内温度达到约170℃时开始，这一温度只是一个大致的参考值，此时此刻的豆表温度会比170℃更高一些，因此焦糖化反应开始恰与第一次爆裂开启基本接近。我们肉眼观察时会发现，大致从一爆开始，豆表的颜色加深会陡然加剧，便是因为美拉德反应与焦糖化反应这两大褐变反应同时作用的缘故。

一般认为，焦糖化反应对于构造呈杯风味来说不可或缺，它赋予咖啡独特的色泽与风味。焦糖化反应不足的咖啡缺乏风味与复杂性，但焦糖化过度反应也会产生不良风味：焦苦、杂味、涩感。

咖啡烘焙中的水解反应

水解反应（Hydrolysis）是一种在生物化学、食品科学和工业化学中具有重要意义的化学反应。水解反应通常涉及水分子与化合物中的化学键断裂，导致化合物的分解和水分子的结合，简单来说就是需要水分子来参与其中分解其他化合物。

在咖啡烘焙过程中，水解反应虽然不是最主要的反应，但身影却无处不在：脂肪会发生水解生成甘油和脂肪酸；绿原酸水解生成咖啡酸和奎宁酸；蛋白质会水解为氨基酸；多糖（甚至包括构成咖啡豆细胞壁的木质纤维素）在高温下水解为小分子糖，这些小分子的单糖和氨基酸又是美拉德反应和焦糖化反应的重要底物，影响咖啡的风味发展。此外，水解反应产生的有机酸可能影响咖啡的酸度、甜度和苦味的平衡，赋予其独特的风味特征。

咖啡烘焙中的斯特勒克降解

斯特勒克降解（Strecker Degradation）多被称作Strecker降解，最早由德国化学家阿道夫·斯特勒克（Adolph Strecker）于1862年发现，该反应主要涉及氨基酸和 α - 二羰基化合物，将氨基酸转化为醛类化合物（如具有花香和甜香的苯乙醛），是咖啡美好香气的重要组成部分。斯特勒克降解反应与美拉德反应密切相关，美拉德反应产生的 α - 二羰基化合物是斯特勒克降解的前体，而斯特勒克降解生成的醛类化合物又可以参与进一步的美拉德反应，形成更多的风味化合物。因此，斯特勒克降解反应是与美拉德反应的协同作用，甚至可以将其看作是美拉德反应的一个子集。此外，斯特勒克降解释放二氧化碳，是产生二爆的主要原因之一。

咖啡烘焙中的干馏反应

干馏反应（Pyrolysis）是一种发生在无氧或缺氧环境中的热解过程，涉及有机物质在高温下化学键断裂分解成更小的分子、气体和固体残留物（炭或焦炭）。虽然干馏反应并不是咖啡烘焙的主要化学反应，但在烘焙的后期阶段，高温环境下（通常超过200℃）局部区域氧气被耗尽，从而形成缺氧环境，类似于干馏反应的热分解过程会有发生，增加特有的香气和风味复杂性，影响咖啡的最终呈杯风味。很多喜欢深焙咖啡树脂、烟熏、木质、辛香料等类似风味的老饕们，某种程度上便是迷恋干馏反应的风味加持。但这一过程中苦味和涩感也将更多呈现。

咖啡烘焙中的绿原酸

绿原酸属于咖啡酸（Caffeic Acid）与奎宁酸（Quinic Acid）组成的缩酚酸化合物（Depsidone），根据咖啡酸与奎宁酸之间不同的比例和连接位置，存在一系列不同的异构体，它们对咖啡风味有些许不同的贡献。总绿原酸数量在未熟咖啡果实中含量不低，随着果实成熟度增加而有所下降。作为合成新物质的中间体，绿原酸会随着果实成熟度有部分被转化为其他物质，因此成熟度越高的咖啡生豆烘焙出来的呈杯风味越优、苦味和涩感越低。此外，罗布斯塔种咖啡豆不仅咖啡因含量高于阿拉比卡，绿原酸含量也高过阿拉比卡。这带来一个有趣的问题：如果你在咖啡（尤其是意式浓缩咖啡）中喝到了绿原酸的酸涩与金属感，要么是生豆品质低劣，未熟豆太多，要么是拼配中混合的罗布斯塔占比太高。

在咖啡烘焙过程中，酸性环境可以促进绿原酸的水解，而碱性环境则会抑制这一过程。绿原酸本身带有酸味，很多极浅烘焙的咖啡呈现出尖酸甚至酸涩，这便是包括绿原酸在内的有机酸来不及分解造成的。此时的咖啡喝起来往往空乏寡淡、余韵短促，没有足够的甜来支撑酸，更谈不上风味丰富，我们称之为：发展不足。

绿原酸可以水解生成咖啡酸和奎宁酸，咖啡酸涩感突出，具有抗氧化特性，还可能参与美拉德反应等其他化学反应。奎宁酸带有酸苦味。绿原酸的适量水解可以增加咖啡明亮感、酸质复杂性、顺口苦以及醇厚感。但凡事"过犹不及"，绿原酸水解太多则会增加酸苦涩杂，啜吸咖啡在口，舌面上如有砂纸般粗劣，更是苦涩得叫人难以下咽。我们在烘焙过程中的脱水操作会给绿原酸水解带来影响：前期脱水太过彻底，到了水解反应温度时反应环境中水分不足，绿原酸水解会被抑制；反之则会大大促进绿原酸水解。

进入一爆后：部分绿原酸水解之余，另有部分绿原酸脱水酯化为不再具有酸味的绿原酸内酯（Chlorogenic Acid Lactone），这是浅焙至中焙咖啡苦味的重要来源，但这种苦是符合咖啡特色的顺口苦，适量浓度下属于令人愉悦的醇厚顺滑的甘苦。因此深焙之前，我们应平衡绿原酸的反应发展，通过控制脱水来间接掌控绿原酸水解与脱水酯化的量——前者太多会带来尖锐的酸、舌面的粗糙、吞咽时的涩苦，后者太多则会带来醇厚有余、风味平淡不足。

进入二爆后：不管前期是水解还是脱水，都将进一步反应发展。咖啡酸脱水酯化为涩苦、焦苦的乙烯儿茶酚多聚物，绿原酸内酯脱水生成苦味强烈、有金属杂味的苯基林丹（Phenylindanes），苯基林丹为绿原酸在咖啡烘焙中的最终产物，这也是深焙咖啡豆苦味的主要来源。

细究咖啡的呈杯风味：味道篇

科学家提出过一系列的甜味物质呈味机制理论，学术界对此尚存争议。过去一般认为，黑咖啡呈杯品尝时感受到的甜味与蔗糖密切相关，蔗糖含量越高往往咖啡会越甜，但甜味本身却并不来自蔗糖本身，而主要来自美拉德反应与焦糖化反应生成的水溶性甘甜物质，正是基于这一点，氨基酸浓度高时，也能给咖啡带来更加明显的甜味。

最新的国际咖啡感官体系则采纳了跨感官感知（Cross-modal Perception）理论，该理论认为味觉、嗅觉与触感之间有着广泛且深入的互动关联，我们之所以在咖啡中感知到甜味，不是因为其中含有大量的碳水化合物本身，而是感受到了呈甜味物质以外的风味物质，大脑给予的一种反馈：脑补告知这款黑咖啡有甜味。神经影像学研究显示，大脑中有特定区域负责不同感官信息的整合，某些区域已被认为是跨感官整合的关键区域。跨感官感知涉及以下三个主要机制：感官整合（Sensory Integration）、感官间相互作用（Inter-sensory Interaction）、感觉转移（Sensory Transfer）。跨感官感知能力让我们察觉到会令人想起甜食的芳香物质时能够感知到甜味。举例来说，我们在评估咖啡湿香时嗅到蔗糖风味，即使该咖啡中并未含有太多碳水化合物仍感觉到强烈的甜味，这就是跨感官感知的体现。

酸和苦两种味道对于黑咖啡风味影响最为强烈。其中酸味是舌头上味蕾的味细胞受到氢离子刺激而产生的一种味觉感受。品尝黑咖啡时，复杂的酸感来自浓度不一、种类繁多的酸味剂——30多种有机酸和极少量无机酸（如磷酸）。这些有机酸中，绿原酸、柠檬酸、苹果酸、醋酸、奎宁酸等含量相对较多，且与咖啡呈现的酸味有密切关系。具体分析一杯黑咖啡里的酸感变化以及呈酸物质来源需要考虑到生豆里的前驱风味物质以及烘焙过程中的化学反应。一方面，源自生豆中的有机酸烘焙后在熟豆中的残余增加咖啡清爽鲜美的酸感。但随着烘焙程度加深，这些有机酸往往不耐高温，会在从浅焙往中焙、中深焙、深焙进行的过程中快速分解掉。另一方面，同样源自生豆的糖类、绿原酸等前驱风味物质会在烘焙过程中参与一系列化学反应，糖类物质反应生成醋酸、乳酸、乙醇酸等，而绿原酸水解生成咖啡酸与奎宁酸。但随着烘焙程度不断加深，这些生成的有机酸又会快速损耗掉。如上两方面综合起来看，一系列的化学反应使得较为浅焙的咖啡会有一些总酸增加、酸感提升的过程，但随着第一次爆裂结束，大量有机酸在接下来的烘焙中开始耗损，导致总酸下降、酸感减弱。随着烘焙程度进一步加深，苦味物质逐渐生成，酸弱苦增，此消彼长，这种感受就愈发明显了。

黑咖啡的苦味来源于咖啡豆所含的苦味物质及烘焙过程中形成的苦味化合物。烘焙过程中，美拉德反应生成物、焦糖化反应生成物以及绿原酸的分解物在咖啡致苦因素中堪称三大来源。除此以外，咖啡因也是咖啡苦味的次要来源。单从量来说，咖啡中发现的大多数苦味化合物是美拉德反应生成的。但我们还需要考虑不同苦味物质的感官阈值。绿原酸本身受热并不稳定，咖啡苦味的最大来源正是其受热分解物。绿原酸内酯是浅焙至中焙咖啡苦味的重要来源，这种苦属于醇厚顺滑的甘苦，适量浓度下可以被接受。进入深焙将生成苦味强烈、叫人难以下咽的苯基林丹，这是深焙咖啡豆苦味的主要来源。

咖啡中同样可以感受到少许的咸味与鲜味。黑咖啡呈杯品尝时，感受到的咸味主要来自水溶性钠、钾、锂、溴、碘的化合物，它们更多来自种植的土壤环境，偶尔也会来自工艺处理环节。凡事过犹不及，咖啡咸味突出并非好事。印度尼西亚、印度的阿拉比卡种咖啡豆，以及罗布斯塔种咖啡豆中的咸味比较容易被觉察到，且常被我们判定为负面特征。浓度太高或烘焙太深的咖啡豆，由于有机酸的消耗，咸味比较容易被觉察。再加上人体大脑的神经系统对于各种味道刺激的反应速度有所不同，其中咸味物质的反应速度最快，甚至还在甜味之上，这也是有些意式浓缩咖啡入口后咸味更易被觉察出的原因。

细究咖啡的呈杯风味：触感篇

我们在进行咖啡品鉴等食品感官评价工作时，味觉与嗅觉的联动最为重要，但其他一些类型的感受也必不可少，这其中就包括触觉——口腔中上皮细胞里的受体接收并反馈的温度、疼痛、接触和压力等信息，而这些信息组成的触感也是评价咖啡呈杯风味中很重要的一环。

对于相当部分的国人来说，触感好坏有时重要性不亚于嗅觉、味觉感受，成为评价咖啡或其他食物口感（Mouth Feel）好坏的决定性因素之一。很多时候，大众咖啡消费市场也经常被贴上"口感型咖啡消费偏好"的标签，可见品尝咖啡时口感体验的重要性。与此相对应的"风味型咖啡消费偏好"则往往属于偏小众消费群体，他们才会对于香气、酸质、风味等更加在意。口感是用以描述食物入口后的物理特征以及食物在口腔中所引起的诸多质地感受的总和，包含硬度、黏稠感、弹性、附着性、重量感（压迫感）、粗糙感、收敛感、温度感等。

涩感（Astringency Perception）是口感的重要组成部分之一。已有权威机构将涩感定义为由某些物质（如明矾、多酚类化合物等）引起的上皮组织收缩、变形和褶皱而产生的复杂感觉。我们关注的咖啡里也时常有涩感浮出来，如果涩感过于突出产生各种负面体验和情绪，对于这杯咖啡的评价也会直线下滑。咖啡中引起涩感的物质既可能是绿原酸、单宁酸等具有抗氧化作用的多酚类化合物，也可能是咖啡中的苹果酸、柠檬酸、乳酸、醋酸等有机酸。我们在饮用或吞咽了带有一定浓度的多酚类或酸类化合物的咖啡液之后，舌面和喉部的黏膜薄膜蛋白沉淀、唾液恢复分泌不及时，所以会导致干燥发涩的感觉挥之不去。如果不考虑生豆瑕疵，三种情况带来的涩感值得关注：第一，因烘焙发展不足导致咖啡液中存在较高浓度的有机酸；第二，因烘焙环节或萃取过度导致咖啡液中存在较高浓度的多酚物质；第三，咖啡液中同时存在较高浓度的有机酸和多酚物质，例如浓缩咖啡。

我们在做咖啡品鉴时，要细致辨析咖啡液在口腔中的触感，借助舌头搅动让咖啡液在舌面上流滚会对评价有所帮助，重量感（压迫感）、黏稠感和顺滑感会在这个过程中呈现出来。"顺滑""柔顺"一定优于"粗糙"，这是咖啡液在舌面（靠近舌尖）流动时阻力小的体现；虽然轻盈并非一定不好，但"厚实""饱满"等足够的重量感、压迫感往往更可能会获得高分。我们当然可以从生豆或冲煮环节来探讨如何获得"厚重感"，但如果聚焦到烘焙环节，其实也有一些可能的操作空间，可通过调整焙度或烘焙曲线来实现。

细究咖啡的呈杯风味：香气篇

随着进化到食物链顶端，人类逐渐开始依赖视觉生存，而忽视了更为强大的嗅觉（人类每20个基因中就有1个是气味受体）。人类超过90%的味觉体验其实与嗅觉有关，与味觉感知的独立分析性不同（触发大脑中负责不同味觉神经元），嗅觉感知则是综合性的。

食品中香气的生成主要有五大途径：生物合成、酶的作用、微生物发酵、高温化学反应和食物调香。前三大途径存在于咖啡树生长至加工处理环节，最后一项在咖啡门店里广泛应用，而咖啡烘焙则专注于高温化学反应。那些相对分子质量小于300、碳原子数在4~16的挥发性有机小分子化合物构成了咖啡香气的主体。在这些化合物中，碳原子数小于8的化合物通常有短促的刺激性气味，比如某些醛和酮类。碳原子数在8~10的化合物多有优雅香气，因为这种结构能够包含一些更加馥郁和立体的香味成分，比如一些酯类化合物。而相对分子质量更大的化合物往往挥发性较低，这可能导致香气更持久，复杂的分子结构可以赋予香气更多层次，使其更复杂和有深度。

咖啡烘焙过程中一系列复杂化学反应生成了上千种芳香物质，目前科学家已经分离并确认出850多种，包括醛类、酮类、酚类、酯类、羧酸类、呋喃类、吡咯类、噻吩类、吡嗪类、噻唑类、烯烃类、烷烃类等挥发性成分，其中呋喃类化合物，和吡嗪类化合物是香气的主要来源。

咖啡浅焙之时，程度有限的褐化反应保留了大量源自生豆的风味，浅焙咖啡中的花果酸香主要来自有机酸。随着烘焙程度加深，美拉德反应开始展现威力，坚果香、巧克力香、烘焙香等都与此有关。焦糖化反应也不甘人后，尤其是在中深度烘焙和深度烘焙中，会带来类似焦糖香、太妃糖香等香气。咖啡生豆如果存在含硫化合物，通常能够带来特殊的香料气息。在深度烘焙中，些许干馏反应开启，产生烟熏香、树脂香、木质香。我们将其归纳如下。

第一，一系列具备芳香性的杂环化合物在咖啡的总挥发性成分中占比最高，主要有吡嗪类化合物、呋喃类化合物、吡咯类化合物等。吡嗪类化合物属于六元杂环化合物，是咖啡中非常典型且重要的一类挥发性化合物，主要呈现出坚果香、烧烤香、烘烤香、烤肉香、泥土香、焦香等类型香气。呋喃类化合物属于五元杂环化合物，主要呈现出果香、甜香、坚果香、焦香等类型香气，其中咖啡中的呋喃酮类化合物与辛辣味有关。吡咯类化合物也是五元杂环化合物，主要呈现出烘烤香、坚果香等类型香气。

第二，醛、酮类化合物。醛酮类化合物与咖啡呈杯风味中的焦糖及烘烤类型甜香密切相关。醛类化合物在咖啡中占比很高，主要呈现出巧克力、香草、香甜、水果酸甜等特征香气。酮类化合物占比不多，主要呈现出坚果、焦糖甜香、烘焙食品（如烘烤饼干）等类型香气。咖啡中存在适当浓度的吡喃酮、呋喃酮、环酮等往往能够呈现出迷人的焦糖香。

第三，酚类化合物。酚类化合物与咖啡呈杯风味中的木质香、药草香、烟熏香等密切相关。

第四，醇类化合物。醇类化合物与咖啡呈杯风味中的花香、发酵水果香等类型香气关系密切。咖啡中存在恰当浓度的香叶醇、苯乙醇、松油醇等往往能够呈现出愉悦的花香。

第五，酯类化合物。酯类化合物与咖啡呈杯风味中的花香、果香、香草、坚果等类型香气关系密切。水果类型香气的主要成分是有机酸酯类、醛类、萜类化合物、醇类、酮类和一些挥发性的弱有机酸等，咖啡往往因为它们的存在而果香迷人。

第六，酸类化合物。以羧酸化合物为主的酸类化合物与咖啡呈杯风味中的水果酸香、发酵酸香等关系密切。

第七，含硫化合物。咖啡中的含硫化合物通常能够带来焙炒气味。咖啡中如果微有些许硫醚、硫醇等含硫化合物，那么可以极大增加风味复杂性、层次感，但是如果此类化合物浓度过高，则显得辛辣刺鼻，变成了负面的特征。

第10章

熟豆系统性
评估与风味调整

熟豆系统性评估

熟豆系统性评估是一套基于烘焙结果以及最终产品的分析框架。在烘焙作业三部曲中，烘焙后的熟豆系统性评估与烘焙前的烘焙计划制订、生豆系统性评估都是一名烘焙师真正的主战场——烘焙中的各项操作，应该在烘焙前去确定，烘焙后去复盘、分析和调整，而不应在烘焙中去"实时干预"。

第一，分析过程遵循一定的标准和步骤，符合食品工程科学的基本原则，注重体系化与流程化，确保评估的一致性和可重复性。

第二，咖啡烘焙过程发生了一系列复杂的物理及化学变化，系统性分析包括对最终产品的颜色、香气、味道和口感等特性的评估。

第三，分析不仅仅是对最终产品的评估，还包括对整个烘焙过程的回顾，这有助于识别过程中可能的问题点，从而进行改进。

第四，分析可应用于不同场景。对于新手来说，系统性评估可以作为学习和提高技能的工具；在商业烘焙中，系统性分析有助于监控产品质量，确保每一批次产品达标；在工业化生产中，这种分析方法可以帮助优化生产流程，提高效率，减少浪费，并保持产品质量的一致性。

第五，分析框架并非一成不变，不同使用者可以根据自身需要来做增添或删减从而实现个性化，更好地满足实际需求。

视觉观察分析

视觉观察分析往往是系统评估的第一步，是从烘焙过程延续下来的分析过程，包括豆表状况分析以及烘焙瑕疵分析两部分。良好的烘焙过程应该是节奏良好、均匀稳定、由表及里的传热过程，而不佳的烘焙过程则会在豆表、豆体横截面或豆心留下"罪证"。

很多烘焙师喜欢在烘焙过程中取样观察并嗅闻香气，这确实有助于做出某些重要判断，如出锅下豆时机。但我们应该知悉：越是小型烘焙设备，越是较小的载量，越容易受到外界干扰，频繁取样会破坏原本就脆弱的滚筒热量平衡，给烘焙带来更多变数。

基本物理量分析

基本物理量分析是系统性评估的第二步，通常包括失重率与膨胀率的计算。

$$失重率 = \frac{熟豆质量 - 生豆质量}{生豆质量} \times 100\%$$

$$膨胀率 = \frac{熟豆体积 - 生豆体积}{生豆体积} \times 100\%$$

在诸多外部条件固定统一之下，失重率、膨胀率与烘焙程度之间有较为明确的对应关系，这也是很多咖啡工厂用以品控的辅助手段之一。前面章节谈及烘焙过程中的物理变化时对此有更为详细的讲解，在此略过不提。

烘焙色值

烘焙色值在数据分析环节居于核心地位，以Agtron咖啡烘焙分析仪为首的一众光学色值分析设备（光度计）如雨后春笋般地出现（图10-1），更加巩固了数据化烘焙、定量化烘焙的地位。我们先将其拿出来做一番介绍。

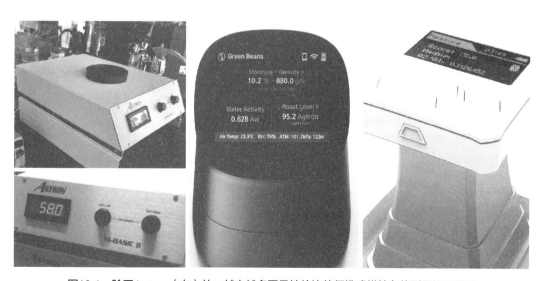

图10-1　除了Agtron（左）外，越来越多更具性价比的便携式烘焙色值测量仪器涌现

Agtron通过分析特定化学成分群组物质对于光度计的反应来判定烘焙程度，而这个特定化学成分群组物质来源于烘焙过程中发生的美拉德反应、焦糖化反应等非酶褐变反应，对于咖啡呈杯风味产生明显的线性关系，且会直接反应在咖啡风味上。今天的咖啡烘焙师之所以幸福很大程度上便是因为拥有一套全球通用的烘焙色值体系，摆脱了过去"鸡同鸭讲"的尴尬。

烘焙色值包括豆表色值与研磨后的粉值，后者（粉值）是我们真正关注的对象，因为咖啡饮品是基于研磨成粉后萃取获得的产物。色值#0~#100是我们关注的核心区间，**数值越大，焙度越浅；数值越小，焙度越深。**#100为刚刚触及一爆，是人为确定感官的"临界点"——此时广受认可的、属于咖啡的典型性呈杯风味开始生成。#0为二爆彻底结束，化学风味物质成分彻底热分解为碳与焦炭，此时广受认可的、属于咖啡的典型性呈杯风味彻底失去。

大约二十年前，Agtron设备商官方调研认为，市面上大部分咖啡的焙度介于色值#25~#75，其中最常见的焙度集中在色值#55~#75，因此被称为商业风味指数。今时今日再来看，追求风土之味的精品咖啡运动蔚然成风，推动全球咖啡焙度往偏浅方向发展。如果再去调研，我认为市面上大部分咖啡的焙度介于色值#35~#85，但最具商业价值的商业风味指数可能依旧集中在#55~#75。有经验的烘焙师会发现，#75恰是一爆彻底结束，是浅焙与中焙的分界线，接下来便是整个中焙历程，而#55则是刚刚触及二爆。#55~#75既可实现果香丰沛、酸质圆润的手冲，又可实现风味突出、甜度饱满的SOE萃取，还能做到平衡高甜与坚果、奶油、巧克力风味突出的意式萃取，可谓涉足广泛。

作者提示 　　大多数情况下，色值#100代表一爆刚开始，意味着咖啡的典型性呈杯风味开始生成，色值趋向于#100的咖啡极易呈现出尖酸、酸涩、水感、寡淡、青草味、余韵短促等明显发展不足的风味，属于烘焙瑕疵，烘焙师务必谨慎。但请注意，这并不意味着色值达到或超过#100的咖啡就一定不能喝或不好喝。因为我们获得的烘焙色值只是对构成正态分布的一堆咖啡粉色值集合的数学计算。当色值读数为#100时，只是意味着此时处于非常浅的焙度，但大于和小于#100的咖啡粉同样存在，有些设备会以直方图的形式展开体现。针对某些品质好的豆子，使用热风式烘焙机，如果烘焙曲线设计得当，我们再辅以高质量的研磨、相匹配的冲泡用水，也能展现出美好的风味。

由于我们不具备透视能力，豆表颜色深浅是在烘焙中肉眼唯一能够观察到的，因此豆表色值也非一无是处，且与粉值有密切关联，我们可以结合豆子特点、烘焙机特征、烘焙曲线等加以推测。又因为传热是由外至内、由表及里进行，所以豆表颜色往往会更深一些。豆表色值与粉值之间的差值（RD值）则可以部分反映在呈杯风味上：RD值适当拉开可以增加风味丰富性与层次感，RD值适当接近可以增加风味指向性与清晰度。但如果RD值太小或太大则可能带来呈杯风味的减分。归纳而言：焙度浅，RD值大；焙度深，RD值小。烘焙时间长，RD值小；烘焙时间短，RD值大。热风占比高，RD值大，传导热占比高，RD值小。

随着第四波咖啡浪潮来临，豆种与处理方法大爆发，烘焙机也日新月异，如果我们假设烘焙传热稳定且均匀，关注豆表色值的重要性在下降，粉值代表了实际焙度，才是关键所在。

烘焙数据分析与烘焙色值

烘焙数据分析是系统性评估的第三步，也是数据化烘焙的核心所在，是一套分作三环（层）、主次有别、环环相扣的框架，通常包括：烘焙色值、FDT模型、RoR分析、DTR分析、MTR分析和DRY分析（文前彩图10-1）。具体应用时，我们应该秉承咖啡为客户创造价值的初衷，根据企业成本－利润要求、商业经营逻辑等来进行内容增删、误差设置以及个性化取舍。

烘焙色值是咖啡烘焙度的定量化描述，是咖啡风味发展的核心指标之一，我们将烘焙色值作为烘焙数据分析的内环，将"追粉值"视为烘焙品控的第一要素。相同豆子及明确烘焙曲线之下，烘焙色值作为一个客观且明确的数值，与呈杯风味有着十分明确的线性关系，更奠定了我们开展数据化烘焙的基石。作为数据可视化工具，直方图可以展示烘焙色值分布，帮助识别数据的集中趋势、离散程度以及正态分布状况，有助于分析烘焙传热的诸多细节。咖啡烘焙色值（粉值）与香气发展趋势见图10-2。

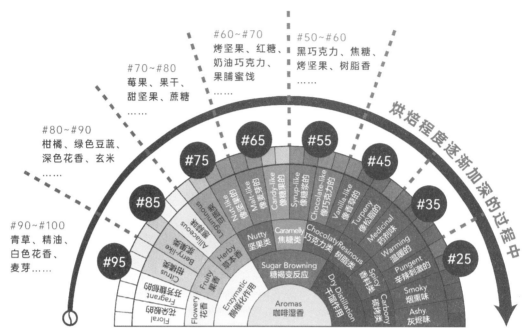

图10-2 咖啡豆烘焙色值（粉值）与香气发展趋势

对于咖啡烘焙生产企业，需要每次烘焙后都在相对固定且一致的时间进行粉值测量（豆表值测量只是可选项，不做要求），并且在SOP中需要为同一款豆子的全部烘焙批次设置一个相对于标准值的可允许偏差，并据此测定烘焙结果合格与否（使用In/Out测试）。

为了模拟企业烘焙生产与品控，CCR烘焙师实操考核中要求检验烘焙作品的烘焙色值，将未正常褐化发展的奎克豆剔除后进行熟豆样品的随机抽样、杯测粗细度的研磨，中级要求在±#4范围内，高级则要求在±#2范围内。减少可允许的偏差范围意味着提高品控精度，也意味着技术要求难度与管理难度大幅增加，可能会带来成本增加、效率降低。反之，增大可允许的偏差范围则意味着降低品控标准，可能带来产品质量下滑、呈杯风味与顾客体验下降。管理者需要对此加以权衡。

第四波浪潮下的烘焙追值

在过去精品咖啡体系中，杯测默认使用标准中焙的咖啡样品，烘焙色值分别是#58

（豆表）与#63（豆粉）。考虑到二三十年前标准制定之初的咖啡消费市场特征，如上设计无可厚非。事实上，直到今天，如果我们走到茫茫人海中去做咖啡呈杯风味的偏好调查，只要样本足够大，消费者足够大众化，标准中焙依旧是最终胜出的焙度。但与此同时，精品咖啡领域坚守这个标准则着实有些过时，任何烘豆子在这个烘焙色值下都将黯然失色，毫无特色可言。自2018年以来，全世界很多国家地区或企业组织已经开始根据自身需求，着手调整杯测追值标准，粉值范围#70~#80目前来看是大家不约而同认可的核心区间，CCR咖啡烘焙师体系也将#（75±5）作为默认的杯测粉值目标，既要划定一条公平公正的标准，也要对于生豆风味与烘焙风味兼容并包，允许展现更加广袤、丰富且多元的呈杯风味。

作者提示

CCR咖啡烘焙师杯测样品烘焙默认标准：

- 粉值：#（75±5）
- 全程时长：6~11分钟
- 无明显烘焙瑕疵（发展不足、发展过度、快炒、焙烤）

在第四波咖啡浪潮下，豆种、产地、处理法与烘焙设备全面大爆发，叫人目不暇接、心神荡漾，风味型咖啡迎来了前所未有的发展契机，追求并放大咖啡生豆里的特色风味成为玩家们的首选逻辑。

因此，当我们拿到一款价格不便宜、"可能风味很不错的豆子"后，可以首次尝试将粉值设定到#（95±5）（侧重于#90~#95），那些位于金字塔尖的"尖儿货"将展现出令人兴奋的花香，再辅以优质果香、足够的酸甜。恭喜你，这款豆子真的很棒，你应该基于这个粉值范围来做精修优化，具体手段可见"聚焦FDT模型"（P128）。

如果粉值#（95±5）区间样品杯测时没有出现令人惊喜的花香，取而代之的是草本、豆蔬、谷物等，也没有足够的甜度，证明这款豆子在这个粉值区间没有那么大的潜力可供挖掘，也不用沮丧，毕竟能够在#90~#100稳稳站住脚的好豆子非常少，得之我幸，失之我命。我们第二锅打样应该将粉值锁定到#（85±5），如果杯测评估中感受到了明显且令人愉悦的柑橘类风味，伴随着隐约花香，那么值得停留在此粉值区间进行精修优化。这个豆子也属于非常棒的好豆子，不用遗憾！

如果粉值#（85±5）区间的杯测没有出现令人惊喜的风味，取而代之的可能是草本、麦芽、玄米、蔗糖等，些许水感、空洞、不甜也在所难免，证明这款豆子在这个粉值区间没有太大的潜力可供挖掘，精修优化也难以翻盘，我们第三锅打样应该将粉值锁定到#（75±5）（侧重于#75~#80），如果杯测评估中感受到了令人愉悦的成熟的红色果实风味、饱满的酸甜，那么接下来就应该停留在此粉值区间进行精修优化。几乎所有入门级精品咖啡都可以落在这个粉值区间，通过精修优化后不管是制作滤泡式咖啡（如手冲），还是SOE都非常适宜。

继续往下打样杯测的话，我相信你的心情一定比较沮丧。品质太过一般的生豆在粉值#（75±5）区间也不会呈现出丰沛的水果酸香，反而沾染了明显的坚果调，那么我们只能将下一锅烘焙打样的粉值设定在#65，索性去放大这种调性，而这已经属于标准中焙的范畴，酸甜苦醇兼而有之且平衡有度，坚果、焦糖、巧克力等基础风味之余可能兼有些许果脯、果干或深色莓果风味，也是一种不错的选择，不管是用来制作滤泡式咖啡，还是SOE都非常适宜。

一般来说，能够在粉值#65稳稳站住脚的豆子也可以尝试去追粉值#55，坚果变成了烤坚果，奶油巧克力变成了黑巧克力，更多的焦糖、香草与些许辛香料风味伴随其中，无疑是非常好的意式咖啡豆，无论是直接品尝黑咖啡还是调制奶咖都非常好。当然，别忘了去对烘焙曲线进行精修优化。

聚焦FDT模型

数据化烘焙中的烘焙数据分析基于按优先级排序分层的结构化思维，数据分析的中圈（第二环）包括FDT（Flavor Development Triangle，风味发展三角形）模型分析与RoR分析，两者的重要性虽不及烘焙色值，但依旧极为关键，不容忽视。这是因为，烘焙色值作为咖啡烘焙度的定量化描述，虽是咖啡风味发展的核心指标之一，但却并不能描述咖啡风味发展的方方面面。哪怕同一款豆子烘焙至相同的粉值，也可能因为烘焙设备或烘焙曲线等其他因素，导致呈杯风味并不同。

在确定了粉值的前提下，我们应将注意力集中在第三阶段（又叫作DT段，本段相关的平均数据经常会有下标3），关注从FC开始直至TT出锅下豆的风味发展过程，因为绝大部分的呈杯风味都是在此阶段生成。由于传热过程中物理及化学变化的复杂存在，咖啡烘焙曲线可以视为一条斜率持续变化的曲线，反映了烘焙过程中温度与时间的动态关系，本质表达的是热传递的快慢进程。在分析曲线细节时，微积分是有效的数学工具，可以帮助理解曲线的斜率变化、曲线下的面积与热量积累等。数据化烘焙思维强调化繁为简，将复杂的曲线简化为三角形进行分析便是一种有效的策略，尤其是在需要快速估算或理解整体趋势时。DT段的分析是RoR分析的核心（文前彩图10-2）。

　　FDT有时也称作DTT（发展时长三角形），通过观察分析该三角形的形状与面积能够得到大量有用的信息，尤其是结合同一款豆子不同曲线的杯测对比时。FDT可以演变产生十几种横向对比的分析模型，最为常见的是如下介绍的四大模型（图10-3）。

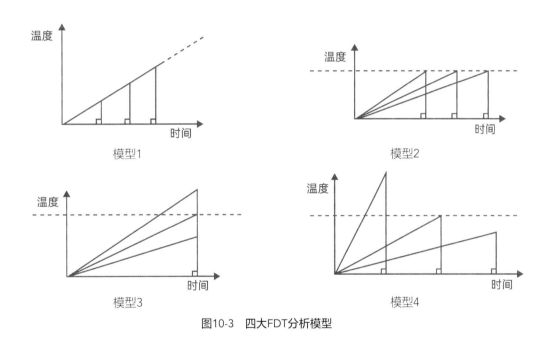

图10-3　四大FDT分析模型

　　模型1通常叫作"浅中深模型"或"RoR固定模型"，指的是在RoR相对合理且固定的前提下，随着发展时间（DT）的增加，升温（$\triangle T_3$）相应增加，色值与风味发展也随之改变。模型1是咖啡烘焙实践中调整呈杯风味的基础和"起手式"，也是初级咖啡烘焙师必须掌握的基本技术。在应用模型1的过程中，我们可以通过改变DT来达到目的，匹配不同的消费场景，但需要知晓的是：如果DT太小，意味着$\triangle T_3$太少，发展三角形面积太小，可能导致发展不足；如果DT太大，意味着$\triangle T_3$太大，发展三角形面积太大，可能导致发展过度。两者都属于需要规避的烘焙瑕疵，但数据只能给我们一些思路和可能性，具体是否出现了明显讨厌的呈杯风味则必须在杯中去做感官评价。

模型2通常叫作"升温固定模型"，指的是在升温相对合理且固定的前提下，我们尝试改变RoR与DT，三角形面积改变，色值与风味发展也随之改变。模型2是咖啡烘焙实践中调整呈杯风味非常实用的思路，尤其在风味型咖啡浅焙时，很多有想法的烘焙师会明确升温多少摄氏度，竭力控制住焦糖化反应烈度，然后基于模型2做几个不同的打样，最后挑选出最佳的作品。熟练应用模型2需要控制好进入FC的热传递进程，从而至少在第二阶段便提前部署，属于很典型的全局性烘焙策略。

模型3通常叫作"DT固定模型"，指的是在DT相对合理且固定的前提下，我们尝试改变RoR与$\triangle T_3$，三角形面积改变，色值与风味发展也随之改变。应用模型3不会改变DTR、MTR等第三环的数据分析品控逻辑，更多应用到中焙—深焙、意式拼配、奶咖烘焙等烘焙实践中，单品浅焙中的应用稍不及模型2那么普遍，但也属于咖啡烘焙实践中调整呈杯风味非常实用的思路。熟练应用模型3也需要控制好进入FC的热传递进程，从而至少在第二阶段便提前部署，属于全局性烘焙策略。

模型4通常叫作"色值固定模型"或"风味精修模型"，是充分结合了中心环烘焙色值分析品控之后的产物，因此也是上述中最为重要的实用模型。根据烘焙数据分析的一般流程，色值已经被我们固定（允许一定的误差范围），基础风味轮廓已经被锁定，我们需要的只是向着目标风味做精细化修饰与完善。在此前提下，我们通过改变RoR并适配不同的DT来做调节，但理论上三角形面积差异不大，三角形面积不做大幅改变的背后是确保色值不变。这就叫作：基于基础风味的精修微调。

在模型4中，如果我们往左调整打样，基准角的角度比较大，较大的RoR意味着需要更有冲击力进入FC，更猛烈的热传递进程，从而才能跑得更快、发展时间更短。精品咖啡浪潮澎湃发展的今天，热风对流热广受关注，北欧式烘焙大流行，烘焙师中"浅焙佬"比比皆是，这种"冲进一爆"的"大RoR+小DT"模式是更多风味型浅焙的选择，较为容易增加明亮感和风味指向性清晰的花果酸香。如果我们往右调整打样，基准角的角度比较小，较小的RoR意味着需要提前踩刹车控制住进入FC的冲击力，改为更柔和的热传递进程，从而才能跑得更慢、发展时间更长。在日式传统烘焙中，这种烘焙思路更为流行，如果滚筒储能性能出众，不惜采用关火滑行等策略来应对。这种"滑进一爆"的"小RoR+大DT"模式是较为容易增加风味丰富性、复杂性和层次感的，醇厚度也会适当增加。

在应用模型4的过程中，我们需要知晓的是：纵使色值锁定成功，如果RoR太大、DT太小，意味着基准角开口角度太大，发展三角形形状很怪异，可能带来令人不愉悦的快炒风味，我经常描绘为：大酸（尖锐粗劣的酸）、大苦（吞咽时）、大涩（舌面上的收敛感）。如果RoR太小、DT太大，意味着基准角开口角度太小，发展三角形形状也很怪异，可能带来令人不愉悦的焙炒风味，我经常描绘为：低酸、平淡、余韵短促、伴随着烘焙谷物味。两者都属于需要规避的烘焙瑕疵，但数据只能给我们一些思路和可能性，具体是否出现了明显讨厌的呈杯风味则必须在杯中去做感官评价。

烘焙数据分析与RoR分析

继续遵循数据化烘焙的结构化思维，我们开始聊到RoR——热传递进程快慢。深入讲解RoR不仅需要分析豆温升，还需要分析风温升，更需要将两者结合起来分析，在此仅对豆温升展开论述。

便捷有效是RoR分析的最大设定，其位于烘焙数据分析第二环，与FDT模型并驾齐驱，重要性自不必说。RoR分析既要分析烘焙三个阶段的平均RoR，也要分析若干个重要时点的瞬时RoR，两方面结合，从而探寻热传递的节奏，开启精修优化模式。

烘焙第一阶段又叫作脱水阶段，指的是ST至YE的过程，计算平均RoR则是考虑TP至YE这一阶段，我们将第一阶段的平均RoR记作RoR_1。烘焙第二阶段又叫作褐化阶段，指的是YE至FC的过程，我们将这一阶段的平均RoR记作RoR_2。烘焙第三阶段又叫作发展阶段，指的是FC至TT的过程，我们将这一阶段的平均RoR记作RoR_3或RoR_{DT}。根据热力学第二定律，温差是热传递的推动力，再结合一爆后一系列放热反应逐渐占据主导，这使得$RoR_1>RoR_2>RoR_3$成为普遍性规律。

总结了数万锅烘焙曲线数据与杯测结果后，我们发现没有明显烘焙瑕疵风味的成功作品大概率会符合如下规律：12℃/min<RoR_1<18℃/min，8℃/min<RoR_2<12℃/min，4℃/min<RoR_3<10℃/min。传统深焙、意式烘焙或日式烘焙会偏取值范围的下限，为了追求风味的平衡、复杂性与口感醇厚度会牺牲掉一些特色风味，在一些场景下这种逻辑也会占优取胜。而越是在对流热占主导的热风式烘焙逻辑下，风味型浅焙会偏向于取值范围的上限，明亮活泼的果汁感、爆炸的花果酸香是这个烘焙逻辑下的追求。

烘焙数据分析的外圈（第三环）

烘焙数据分析的外圈（第三环）包括脱水率（DRY）分析、褐化率（MTR）分析与发展率（DTR）分析。在很多咖啡烘焙工厂中，DTR与MTR在设计烘焙曲线和复盘品控环节起到了巨大作用。DRY、MTR和DTR都是基于时间轴的数据参数，三者相加等于100%，分别代表了烘焙三个阶段在全程时长中的占比（图10-4）。

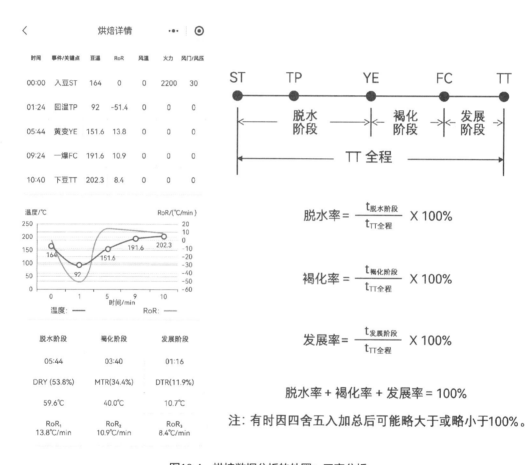

图10-4　烘焙数据分析的外圈：三率分析

咖啡烘焙本质上是一场热量传递的游戏，压力（风门与风压）、温度与时间是游戏中的三个"主角"。根据热力学第一定律（能量守恒定律），在一个封闭系统中，能量既不会凭空产生，也不会凭空消失。对于烘焙机来说，一旦烘焙机功率确定，单位时间能够将多少化学能或电能转化为热能并传导给豆子也是较为确定的（过程中有耗损）。压力在很大程度上代表了热风流量，需要与供给的能量相匹配，因此有一个相对固定的范围，大范围调整风门（风压）要么会阻碍传热，要么会失温，都不利于稳定烘焙，属于谨慎使用的特殊处理手段，而将其稳定下来（微调）才是合理之举。

在此前提下，温度与时间就变成了烘焙中的"二人转"，温度（更多是温差）决定了热量的强度，而时间决定了热量施加的持续时间，"高热量+短时间"与"低热量+长时间"显然是有不同风味发展趋势的，而每一阶段需要到达的温度相对确定，变数最大的就是时间。DRY、MTR和DTR便是在这个维度展开探讨与分析。从实践来看，在调制奶咖的意式咖啡豆烘焙、拼配配方研发设计等环节，这个维度的数据分析往往能发挥意想不到的妙用。

感官分析评估

感官分析评估是熟豆系统性评估的第四部分，也是烘焙后质量控制环节的核心工作之一。再专业的咖啡终究也只是一杯饮品，需要消费者通过真实的感官体验来感知一切美好。不讨论是否好喝、仅谈论烘焙技术是偏颇的，我们已无法用语言强调感官分析评估的重要性。甚至不妨说得绝对些，超过80%烘焙师的事业进步取决于感官能力的提升，而不是数据层面的设计推演和重复烘焙的次数，不建立在扎实感官分析评估基础上的烘焙实践价值有限，很多烘焙师工作实践多年，但进步十分有限，便是这个原因了。

杯测是具备普遍性的感官评估手段，不管是烘焙程度、最终产品形态、使用场景或目标客群，杯测都可以胜任工作，而且最大化避免了外部因素差异化带来的变化。如果再结合使用不同的杯测表，更是让杯测显得无所不能。与此同时，也有很多烘焙师希望更多了解产品的最终形态、使用场景与目标客群，使用与此尽可能一致的研磨萃取方法来做感官评估，比如手冲或意式萃取。这样做可以更好兼容客户的偏好，让产品与客户产生更加直接的共鸣。对此感兴趣的读者欢迎去阅读我的《咖啡品鉴师》一书。

作者提示

由于研磨设备、冲泡水质等诸多因素的不一致，消费端顾客的实际感受与烘焙师的品控测试结果一定会存在差异。越来越多烘焙师会从为客户创造价值出发，从顾客消费体验出发，设计可靠性高的烘焙策略，充分考虑产品的容错性，而不是纯粹个性化的烘焙表达。由"风味炫技"到"创造咖啡价值"这一转变无疑是更加理性的进步，值得喝彩！

拼配咖啡的概念与研发

拼配咖啡又叫作配方咖啡，是很多读者朋友的关注点，也因此被神秘化，我们需要先对其祛魅，再还原其价值来。

第一，拼配咖啡的诞生是完全源自商业层面的综合考量：降低生豆成本、不轻易被上游供应商拿捏、增加经营管理的灵活性、塑造品牌个性特色等。可以说，拼配是成本、定价权与议价权的战争。

第二，我们在意识到拼配巨大商业价值的同时，也应该意识到纵使不考虑产地、季节、物流运输等外因，拼配也可能会使得库存、烘焙生产、财务管理等变得复杂。因此，过于繁杂的配方并非好事一件，仅选用2~4款豆子做拼配是大概率事件，拼配成分太多弊大于利。但其中任何一种配方的占比都不应小于10%，因为小于10%会导致产品在商业场景下的稳定性大幅下降。

第三，拼配分为生拼与熟拼两个大类。生拼又叫作预烘焙拼配、先拼再烘，更加有效率，但所有配方成分混合在一起同时出锅，彼此焙度十分接近，好似合唱中男女同一个声部齐唱，虽然彼此音色有别、音域不同，但所有的声音在同一个音高上演唱相同旋律，还是能创造出一种统一感与和谐感，生拼的呈杯风味变化幅度也相对有限；熟拼又叫作烘后拼配、先烘再拼，虽然牺牲了效率，但是更加精细化，所有配方成分彼此差异性很大，好似合唱中男女用不同声部此起彼伏"对唱"或"轮唱"，不同声部的交替和呼应，能够最大化地创造出丰富的音乐层次和对比效果艺术感染力最强。呈杯风味可能细节更多、丰富性与复杂性可能更多。需要知晓的是，生拼与熟拼本身并无高低优劣之分，都可以研发出优秀的咖啡产品。

拼配咖啡的研发有三种策略：主辅模式、和声模式、交响乐模式。

主辅模式又叫作"基豆+"模式，往往是以一款豆子做基础豆，占比达到或超过50%，提供最终配方的甜度、醇厚度、平衡感与基础风味，同时也控制住成本。在此基础上，再选用1~2款风味更加出挑的成分小比例混入，既控制住总体成本，又给最终配方增添了特色风味和记忆点。

和声模式上文已有论述，较为适合生拼，最终配方会有一个明确的主调性，但由于多个成分混合其中，宛如合唱中有男有女、有老有少，统一感与和谐感之外也有丰富性、层次感与连连惊喜。我在研发或品鉴这类配方作品时，经常会不禁联想到《黄河大合唱》《欢乐颂》等歌曲中的合唱段落，我认为卓越的和声模式拼配也应该以此为目标去追求呈杯风味的感染力。

交响乐模式与前文提到的多声部对唱或轮唱逻辑相同，但提出了更高要求，可以探索的天花板更高。交响乐是由一个完整管弦乐队来呈现的合奏作品，通常由多个乐章组成，每个乐章都有不同的速度和情绪，强调的是深度和复杂性，即不同乐器组之间的对话和对比，但又追求整体的和谐与统一。交响乐模式更加适用于熟拼中，单纯从技术难度来看，可能是研发拼配的最高境界，但也极易翻车，我喝过很多熟拼配方，啜吸入口就能感到"矫情做作"，兼而考虑成本核算与呈杯风味的话，成功率远不足一半。

上述已经将拼配咖啡的概念与研发思路讲解得十分透彻，但在整个实际工作中却依旧不足10%，剩余的90%工作量是利用AB双沙盒模型来制订计划、烘焙打样、感官评估验证，并且将上述步骤反复进行，而烘焙师所在团队的感官评估能力决定了最终的成败，卓越咖啡产品的出现不能任由烘焙师与品鉴师闭门造车，还需要走到目标消费者群体中去做情感性感官评价，倾听顾客的声音，这也是我们将本话题置于感官分析评估之后讲解的初衷了，与大家共勉。

参考文献

[1] 段仪，刘秦明，卢开华，等．咖啡生物活性物质及其健康功效研究进展［J］．食品工业科技，2025，46（07）：1-12.

[2] 闫轩旭，杜远飞，梁文娟，等．浅析咖啡烘焙回温点对咖啡品质稳定性的影响［J］．现代食品，2024，30（04）：121-124.

[3] 陈钰莹，孙红波，宋萧萧，等．咖啡苦味特性研究进展［J］．食品科学，2020，41（09）：285-293.

[4] 何绮婷．咖啡豆的化学之旅［J］．大学化学，2023，38（09）：80-88.

[5] 陈向文，吴传斌．烘焙炉材质对咖啡豆烤制效果的影响［J］．武夷学院学报，2021，40（06）：83-86.

[6] 黄梅，胡荣锁，董文江，等．酿酒酵母介导的半干法加工咖啡豆风味品质比较分析［J］．现代食品科技，2023，39（04）：249-262.

[7] 任洪涛，周斌．咖啡豆在烘焙过程中挥发性物质的组成变化及抗氧化活性评价［J］．云南农业大学学报（自然科学），2018，33（06）：1146-1153.

[8] Moreira Ana S P, Nunes Fernando M, Domingues M Rosário, Coimbra Manuel A. Coffee melanoidins: structures, mechanisms of formation and potential health impacts［J］. Food&function. 2012, 3（09）: 903-915.

[9] Shady Awwad, Ahmed Abu Zaiton, Reem Issa, Rana Said, Ahmad Sundookah, Maha Habash, Beisan Mohammad, Mahmoud Abu Samak. The effect of excessive coffee consumption, in relation to diterpenes levels of medium-roasted coffee, on non-high-density lipoprotein cholesterol level in healthy men［J］. Pharmacia. 2023, 70（01）: 49-59.